學Java語言
從玩EV3
與NXT樂高機器人開始

快速啟動並發揮「想像力」及「創造力」的訓練教材

李春雄 著

五南圖書出版公司印行

序

　　樂高是一家世界知名的積木玩具公司，從各種簡單的積木到複雜的動力機構，甚至自創樂高機器人，全都能讓大人與小孩玩到樂此不疲。爲何樂高能讓大、小朋友甚至玩家「百玩不厭」呢？其最主要原因是它可以依照每一位玩家的「想像力及創造力」來建構其個人獨特的作品，並且還可透過「樂高專屬的軟體（EV3-G）」來控制EV3樂高機器人。

　　何謂EV3-G軟體呢？其實它是LEGO公司用來針對設計EV3機器人程式的軟體，EV3-G中的G是代表Graphic（圖形），亦即它是一種「圖形化」的拼圖程式軟體，適合國中、小學生或第一次接觸樂高機器人程式者。但是，對於高中、職及大專院校學生而言，恐怕不是最佳的選擇，其原因如下：

　　1. 較難銜接正規程式設計課程。
　　2. 沒有提供較完整的除錯功能。
　　3. 定義數值運算的副程式程序變得複雜等。

　　有鑑於此，筆者建議高中、職及大專院校學生，可以在學習正規Java語言程式設計之前，先學習「LeJOS程式」來控制EV3/NXT機器人，用「邊做邊寫」的方式引起學習動機與增加興趣。

　　何謂LeJOS程式呢？其實LeJOS是一種控制EV3/NXT樂

高機器人的程式語言，換言之，LeJOS是針對EV3/NXT量身定作的Java語言。其開發環境是透過Eclipse整合開發環境（IDE），它可讓我們利用LeJOS程式來撰寫EV3/EXT機器人程式。其主要的優點如下：

1. 銜接正規程式——Java語言的先修課程。
2. 可跨平台支援 Windows、Linux、Mac OS。
3. 對EV3/NXT樂高機器人的支援性非常高。
4. 具有EV3-G軟體所沒有的除錯功能。
5. 「邊寫邊玩」引起動機與增加興趣。

最後，在此特別感謝各位讀者對本著作的支持與愛護，筆者才疏學淺，有疏漏之處，敬請各位資訊先進不吝指教。

李春雄（Leech@csu.edu.tw）

2015.8.27

於正修科技大學資管系

CONTENTS

樂高機器人

LeJOS程式開發EV3主機的環境

開發LeJOS程式使用 Eclipse

資料的運算

流程控制

陣列

副程式與自定函式

CH8

內建類別及函數庫的應用

CH9

機器人動起來了（伺服馬達）

CH10 機器人碰碰車（觸碰感測器）

CH11 機器人軌跡車（顏色感測器）

CH12 機器人走迷宮（超音波感測器）

CH13 EV3的進階應用

第一章 樂高機器人

本章學習目標

1. 了解機器人定義及在各領域上的運用。
2. 了解EV3樂高機器人的組成、套件及動力機械傳遞方式。

本章內容

第一章　樂高機器人

1-1　樂高的基本介紹

　　樂高（**Lego**）是一間位於丹麥國家的玩具公司，總部位於比隆，創始於西元1932年，初期它主要生產的積木玩具被命名為樂高。現今的樂高，已不只是小朋友的玩具，甚至已經成為許多大朋友的最愛。其主要原因就是因為樂高公司不停的求新求變，並且與時代潮流與趨勢結合，先後推出了一系列的主題產品。以下為筆者歸納出目前較常見的十種不同的樂高系列主題：

1.City（城市）系列	2.NinjaGo（忍者）系列

3.Star Wars（星際大戰）系列	4.Pirates（海盜）系列

5.Speed（賽車）系列	6.Super herdes（超級英雄）系列

7.CHIMA（神獸傳奇）系列	8.Creator（創意）系列

9.Technic（科技）系列	10.Mindstorms（機器人）系列

【圖片來源】台灣貝登堡 http://www.erobot.com.tw/

【資料來源】維基百科。

【註】以上列出目前市面上的十種樂高系列，其中1~7系列，樂高公司已經提供固定的組裝方式，適合小朋友或收藏家。而**8~10系列的產品比較能夠訓練學生的創意、組裝機構及邏輯思考的能力**。

1-1-1　樂高創意積木

【功能】

　　讓孩童隨著「故事」的情境，發揮自己的想像力，使用 LEGO 積木動手組裝出自己設計的模型。

【目的】

1. 培養孩童的創造力。
2. 實作中訓練手指的靈活度。
3. 讓孩童與大家分享自己的作品，培養表達能力。

【樂高教具】

Classic Ideas創意積木	創意積木

【適合年齡】幼稚園階段到小學二年級。

【官方作品】

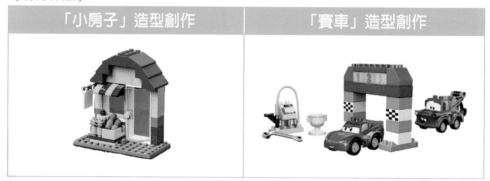

「小房子」造型創作	「賽車」造型創作

【學生創作作品】

「無敵鐵金鋼」造型創作	「小汽車」造型創作
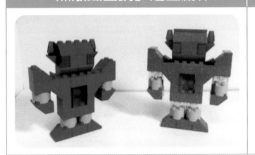	

1-1-2 樂高動力機械

【功能】

　　讓孩童使用 LEGO 動力機械組，藉由動手實作以驗證「槓桿」、「齒輪」、「滑輪」、「連桿」、「輪軸」等物理機械原理。

【目的】

1. 從中觀察與測量不同現象，深入了解物理科學知識。
2. 做中學，學中做。
3. 觀察生活中機械的原理及運用。

【樂高教具】

幼兒簡易動力機械組	動力機械組

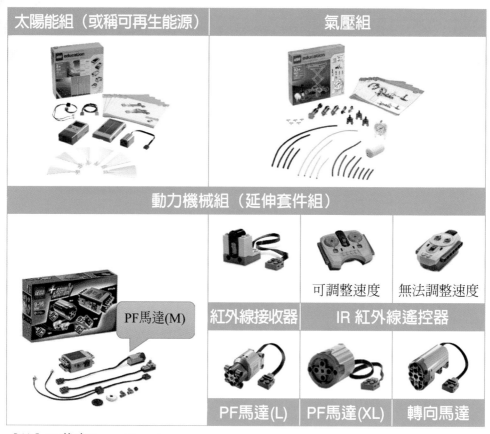

【註】PF代表Power Functions。

【圖片來源】台灣貝登堡 http://www.erobot.com.tw/

【適合年齡】國小階段及動力機械玩家。

【官方作品】

【學生創作作品】

「改造」成動力機械F1賽車	「原創」的F1賽車
「改造」成動力機械超級跑車	「原創」的超級跑車

1-1-3　樂高機器人

【定義】**EV3樂高機器人**（LEGO Mindstorms）是樂高集團所製造的可程式化的機器玩具。

【目的】

1. 親自動手「組裝」，訓練「觀察力」與「空間轉換」能力。
2. 親自撰寫「程式」，訓練「專注力」與「邏輯思考」能力。
3. 親自實際「測試」，訓練「驗證力」與「問題解決」能力。

【樂高教具】目前可分為RCX（第一代）、NXT（第二代）與EV3（第三代）。

RCX（第一代）1998	NXT（第二代）2006	EV3（第三代）2013

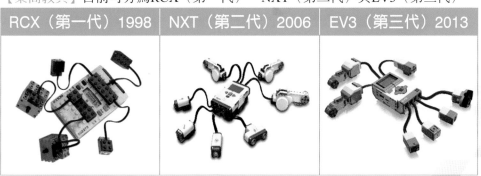

【註】1.第一代的**RCX**：目前極少玩家在使用，已做爲古董級收藏爲主。

2.第二代的**NXT**：目前雖然大部份的教育中心尚在使用，但是已經停產。

3.第三代的**EV3**：目前市面上的主流機器人，本書即採用EV3作爲主要的教材。

1. NXT（第二代）相關的套件如下：

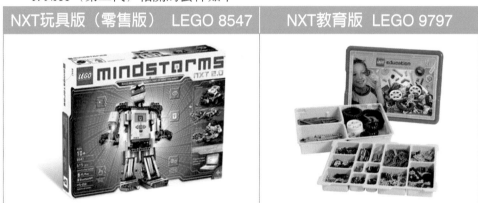

NXT玩具版（零售版）　LEGO 8547　　　NXT教育版　LEGO 9797

2. EV3（第三代）相關的套件如下：

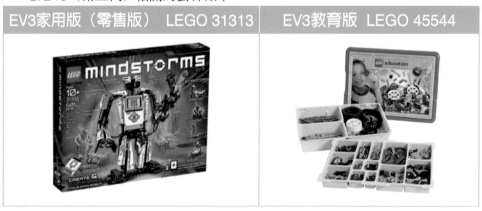

EV3家用版（零售版）　LEGO 31313　　　EV3教育版　LEGO 45544

【圖片來源】台灣貝登堡 http://www.erobot.com.tw/

【官方作品】

NXT基本車	NXT人型機器人
EV3機器狗	EV3人型機器人

【學生創作作品】

「改造」成EV3主機的F1賽車	「原創」的樂高藍寶堅尼跑車

「改造」成NXT主機的超級跑車	「原創」的超級跑車

1-2 什麼是機器人？

【機器人的迷思】

　　過去總認為「機器人」只是一台「人形玩具或遙控汽車」，其實這樣的定義太過狹隘且不正確。

人形玩具	遙控汽車

【說明】

　　1. **人形玩具**：屬於靜態的玩偶，<u>無法接收任何訊號</u>，<u>更無法自行運作</u>。

　　2. **遙控汽車**：可以接收遙控器發射的訊號，但是，<u>缺少「感測器」來偵測外界環境的變化</u>。例如：如果沒有用遙控器控制的話，遇到障礙物前，也不會自動停止或轉彎。

【深入探討】

　　我們都知道，人類可以用「眼睛」來觀看周圍的事物，利用「耳朵」聽見周圍的聲音，但是，機器人卻沒有眼睛也沒有耳朵，那到底要如何模擬人類思想與行為，進而協助人類處理複雜的問題呢？

　　其實「機器人」就是一部電腦（模擬人類的大腦），它是一部具有電腦控制器（包含中央處理單元、記憶體單元），擁有輸入端，用來連接感測器（模擬人類的五官）；還有輸出端，用來連接馬達（模擬人類的四肢）。

【定義】

　　機器人（Robot）它不一定是以「人形」為限，凡是可以用來模擬「人類思想」與「行為」的機械玩具都能稱之。

【機器人的三種主要組成要素】

　　1. 感測器（輸入）。
　　2. 處理器（處理）。
　　3. 伺服馬達（輸出）。

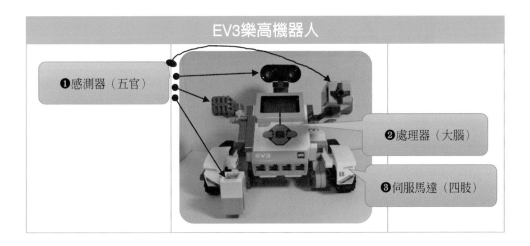

EV3樂高機器人

❶感測器（五官）

❷處理器（大腦）

❸伺服馬達（四肢）

【機器人的運作模式】

　　輸入端：類似人類的「五官」，利用各種不同的「感測器」，來偵測外界環境的變化，並接收訊息資料。

　　處理端：類似人類的「大腦」，將偵測到的訊息資料，提供「程式」開發者

來做出不同的回應動作程序。

輸出端：類似人類的「四肢」，透過「伺服馬達」來真正做出動作。

【舉例】會走迷宮的機器人

假設組裝完成一台樂高機器人的車子（又稱為履帶型機器人），當「**輸入端**」的「超音波感測器」偵測到前方有障礙物時，其「**處理端**」的「程式」可能的回應有「直接後退」或「後退再進向」或「停止」動作等，如果選擇「後退再進向」，則「**輸出端**」的「伺服馬達」就會真正做出先退後，接著向左或向右轉，最後再直走等動作程序。

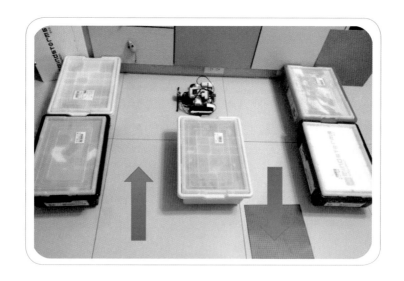

【機器人的運用】

由於人類不喜歡做具有「危險性」及「重複性」的工作，因此，才會有動機來發明各種用途的**機器人**，其目的就是用來取代或協助人類進行各種的工作。

常見的運用有：

1. 工業上：焊接用的機械手臂（如：汽車製造廠）或生產線的包裝。
2. **軍事上**：拆除爆裂物（如：炸彈）。
3. 太空上：無人駕駛（如：偵查飛機、探險車）。
4. **醫學上**：居家看護（如：通報老人的情況）。
5. 生活上：自動打掃房子（如：自動吸塵器）。

6. **運動上**：自動發球機（如：桌球發球機）。

7. **運輸上**：無人駕駛車（如：Google研發的無人駕駛車）。

8. **安全測試上**：汽車衝撞測試。

9. **娛樂上**：取代傳統單一功能的玩具。

10.**教學上**：訓練學生邏輯思考及整合應用能力，讓學生學習機器人的機構原理、感測器、主機及伺服馬達的整合應用，進而開發各種機器人程式以及在實務上的應用。

1-3　EV3樂高機器人

從第一代的RCX（1998年）、第二代的NXT（2006年），讓全世界的樂高玩家，包括大人或小朋友都瘋狂著迷。樂高公司在2013年底，又推出更強功能的第三代樂高機器人EV3，其中**EV**代表了進化（**Evolution**）之意。

【定義】

EV3樂高機器人（LEGO Mindstorms）是樂高集團所製造可程式化的機器玩具。

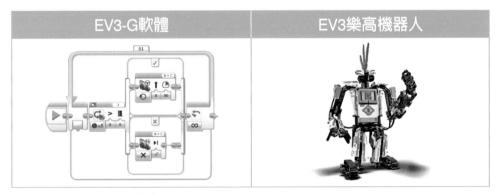

| EV3-G軟體 | EV3樂高機器人 |

【圖片來源】樂高官方網站

【說明】

在EV3-G軟體中，我們可以透過「拼圖程式」來命令EV3樂高機器人進行各種控制，以便讓讀者能較輕易的撰寫機器人程式，而不需了解樂高機器人內部的軟、硬體結構。

【常用的開發工具】

　　EV3-G：利用「視覺化」的「拼圖程式」來撰寫程式控制「EV3樂高機器人」。

　　LeJOS：針對NXT/EV3樂高機器人量身訂作的Java語言。

【適用時機】

　　1. EV3-G：適用於國中、小學生或樂高機器人的初學者。
　　2. LeJOS：適用於高中、大專以上。

【共同之處】EV3-G或LeJOS提供完整的LEGO元件來控制EV3機器人的硬體。

【EV3-G的優點】

　　1. 利用「視覺化」的「拼圖程式」來撰寫程式「EV3樂高機器人」，可以減少學習複雜的LeJOS程式碼。
　　2. EV3-G軟體提供完整的LEGO元件來控制EV3機器人的硬體。

【LeJOS的優點】

　　1. 銜接正規程式──Java語言的先修課程。
　　2. 可跨平台支援Windows、Linux、Mac OS。
　　3. 對EV3/NXT樂高機器人的支援性非常高。
　　4. 具有EV3-G軟體所沒有的除錯功能。
　　5. 「邊寫邊玩」引起動機與增加興趣。

1-4　EV3樂高機器人套件

　　基本上，樂高機器人是由許多積木、橫桿、軸、套環、輪子、齒輪，及最重要的可程式積木（主機）與相關的感測器等元件所組成。因此，在學習樂高機器人之前，必須要先了解它的組成機構之元件。

【樂高機器人套件版本】

EV3教育版（產品編號：45544）	EV3零售版（產品編號：31313）
	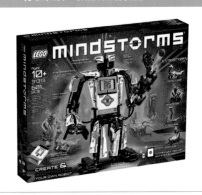

【EV3教育版與零售版的主要差異】

版本 元件	EV3教育版	EV3零售版（或稱家用版）
圖示		
EV3主機	1	1
大型伺服馬達	2	2
中型伺服馬達	1	1
觸碰感應器	2	1
陀螺儀感應器	1	無
顏色感應器	1	1
超音波感應器	1	無
紅外線感應器	無	1
紅外線遙控器	無	1（搭配「紅外線感應器」）

【註】灰色網底表示兩種版本不同之處。

1-5　樂高機器人的輸入／處理／輸出的主要元件

本書是以「EV3教育版」為主。

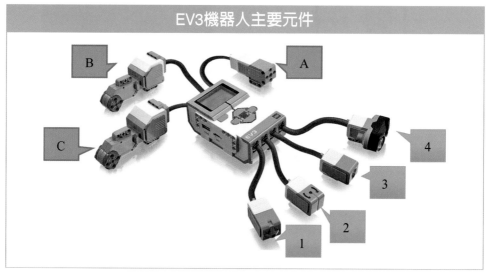

EV3機器人主要元件

【圖片來源】http://education.lego.com/

【說明】

1. 輸入元件：感測器，連接埠編號分別為1、2、3、4。
2. 處理元件：EV3主機，機器人的大腦。
3. 輸出元件：伺服馬達，連接埠編號分別為A、B、C。注意！它還有一個
   D埠。

一、輸入元件（感測器）

基本上，EV3機器人的標準配備中，共有四種感測器：

❶觸碰感測器：類似人類的「皮膚觸覺」
❷陀螺儀感測器：類似人類的「頭腦平衡系統」
❸顏色感測器：類似人類的「眼睛」來辨識「顏色深淺度及光源」
❹超音波感測器：類似人類的「眼睛」來辨識「距離」。

【圖片來源】http://makerzone.mathworks.com/resources/edge-following-and-obsta-cle-sensing-lego-mindstorms-ev3-robot/

【注意】

　　以上四種感測器，在EV3-G軟體中，其預設的感測器連接埠（Sensorport）為接在EV3的1至4號輸入端，但是，您也可以自行修改感測器的連接埠。

二、處理元件（主機）

EV3主機	說明
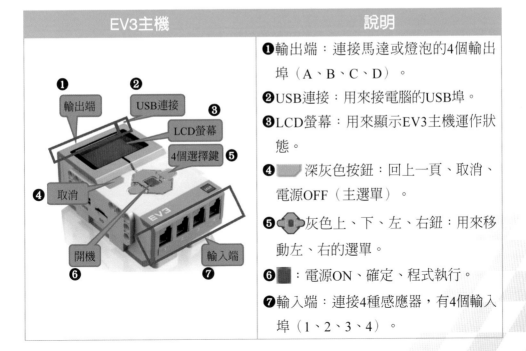	❶輸出端：連接馬達或燈泡的4個輸出埠（A、B、C、D）。 ❷USB連接：用來接電腦的USB埠。 ❸LCD螢幕：用來顯示EV3主機運作狀態。 ❹▬深灰色按鈕：回上一頁、取消、電源OFF（主選單）。 ❺◆灰色上、下、左、右鈕：用來移動左、右的選單。 ❻▬：電源ON、確定、程式執行。 ❼輸入端：連接4種感應器，有4個輸入埠（1、2、3、4）。

三、輸出元件（伺服馬達）

想要讓機器人走動，就必須要先了解何謂伺服馬達，它是指用來讓機器人可以自由移動（前、後、左、右及原地迴轉），或執行某個動作的馬達。

【伺服馬達】

「大型」伺服馬達	「中型」伺服馬達

【說明】伺服馬達內建「角度感測器」，可以精確地控制馬達運轉。

1-6 積木與橫桿

想要製作一台樂高跑車、大吊車及相關的作品時，積木與橫桿零件是必備的，因為它是用來建構這些作品的支架及模型。因此，在學習樂高組裝之前，務必要先熟悉各種相關的積木與橫桿。

1-6-1 方塊積木（Brick）

【定義】又稱為「基本磚」，它屬於傳統樂高的零件。

【示意圖】

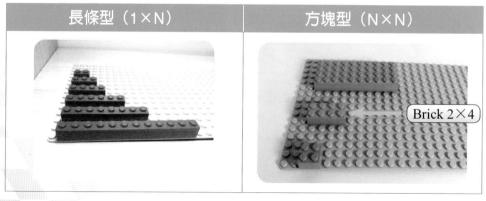

長條型（1×N）	方塊型（N×N）
	Brick 2×4

【命名】**Brick 2×4**代表方塊型積木其**寬度為2個凸點**（Stud，俗稱「豆豆」），**長度為4個凸點**，可見上圖右邊的第二個積木。

【用途】堆疊房子、車輛、飛機、強化結構或各種造型外部的結構之用。

【缺點】用途及功能比較少。

【方塊積木作品】

樂高機器人第1代到第3代名稱	LEGO造型

1-6-2　平板積木（Plate）

【定義】與方塊積木相同，也屬於傳統樂高的零件。

【示意圖】

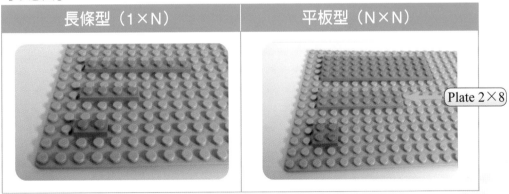

長條型（1×N）	平板型（N×N）

Plate 2×8

【命名】**Plate 2×8**代表平板型積木其**寬度為2個凸點**，**長度為8個凸點**，可見上圖右邊的第二個積木。

【差異性】與方塊積木最大的差異就是平板積木高度只有它的1/3。

【用途】可以作爲各種車輛的底板、房子的地板、天花板、馬路或外部的結構。

【優點】經常會使用Plate配合Technic Brick來強化結構。

【缺點】用途及功能較少。

【範例】

車輛底板的強化	乒乓球桌的桌面
車輛結構的強化	

1-6-3 圓孔平板積木（Technic Plate）

【定義】與平板積木（Plate）的主要差異點爲其具有「圓孔」。

【示意圖】

平板積木（Plate）	圓孔平板積木（Technic Plate）
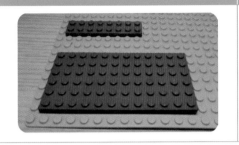	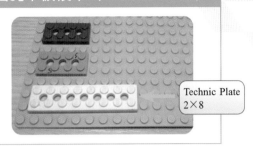 Technic Plate 2×8

【命名】**Technic Plate 2×8代表圓孔平板型積木其寬度為2個凸點，長度為8個凸點，可見上圖右邊的第三個積木。**

【用途】可以用來強化機器人的主樑、旋轉盤及各種車輛的主結構之強度。

【作法】透過各種「插銷、軸及套環」來相互連接。

【優點】用途及功能較多元。

打蛋機（旋轉盤）	兩齒輪垂直相接（飛機的主翼與尾翼）
	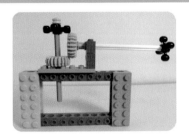

1.6.4 凸點橫桿（Technic Brick）

【定義】與方塊積木（Brick）的主要差異點為其具有「凸點」。

【示意圖】

有「圓孔」	有「十字軸孔」	有「雙凸點」

【命名】Technic Brick 1×4代表長度為**4個凸點的橫桿**，可見上圖最左邊的第三個積木。

【用途】可以製作機器人的手臂、框架及支撐各種車輛的主結構之用。

【作法】透過各種「插銷、軸及套環」來相互連接。

【優點】用途及功能較多元。

【範例】

打陀螺	支撐各種車輛的主結構

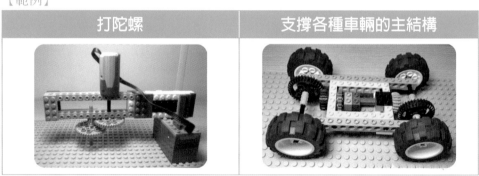

1-6-5　橫桿（或稱連桿、樑柱，Technic Beam or Technic Liftarm Thick）

　　又稱為平滑橫桿，因為它沒有凸點，在建構機器人的框架或各種車輛之結構時，除了可以利用有孔的凸點橫桿之外，目前在**EV3**套件中，已經取代傳統的「凸點橫桿」了。

【長度單位】Module（簡寫成M）。

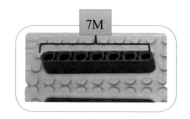

【差異性】與凸點橫桿之計算方式不同，它是依照「孔數」來計算之。

【分類】

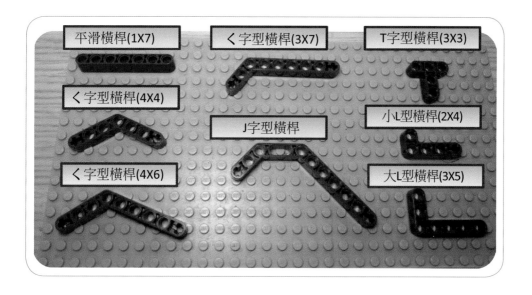

【說明】在「平滑橫桿」中，我們又可以細分為以下8種，目前的平滑橫桿最短
　　　　為2M，最長為15M。

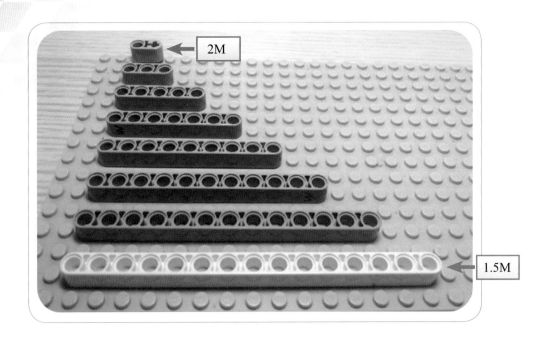

【命名】Technic Liftarm 1×15 Thick代表長度為15個圓孔（Hole）橫桿。如上圖
最下方之橫桿。

【用途】可以用來強化機器人的主樑及各種車輛的主結構之強度。

【作法】可透過各種「插銷、軸及套環」來相互連接。

【優點】用途及功能較多元。

在「平滑橫桿」中，除了具有「圓孔」之外，還有「十字孔」可以連接「齒
輪」，並且它具有各式各樣的型式，以便讓玩家來設計不同的造型之動力機械。

【範例】大吊車及跑車

大吊車	跑車
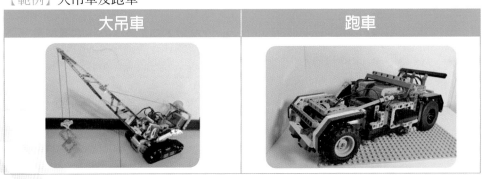	

1-6-6　框架

【定義】指用來建構汽車或機器人的底盤架構。

【示意圖】

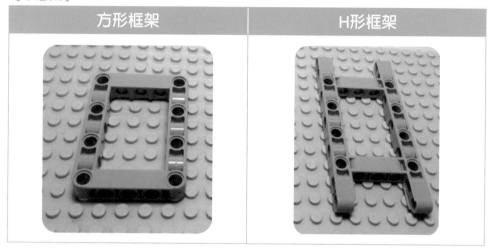

| 方形框架 | H形框架 |

【圖解說明】

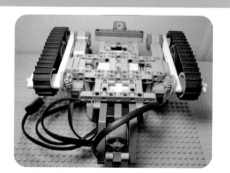

| 樂高汽車的底盤架構（框住差速器） | 樂高機器人的底盤架構 |

1-7　連接器（Connector）

　　我們都知道，利用樂高零件來製作機器人或動力機械時，如果只有積木或橫桿，是無法讓作品的機構牢固的，因此，我們必須要了解樂高零件中的各種連接

器的使用時機與方法。

1-7-1　十字軸（Technic Axle）

【定義】指用來連接兩個（含以上）的不同零件之連接器。

【長度單位】顆粒（**Stud**）數目，也可以使用Module（簡寫成M）來表示。

【說明】上圖中的十字軸是屬於3M的長度。

【依樣式分類】

十字軸	單邊固定十字軸

【單邊固定十字軸的功能】

　　用來連接「齒輪」或「輪子」可以避免軸脫落，如果使用一般十字軸來組裝，則還需要用「套筒」來固定另一端。

【圖解說明】

單邊固定十字軸連接「輪子」

單邊固定十字軸

套筒

【依顏色分類】

黑色（偶數個豆豆）	灰色（奇數個豆豆）
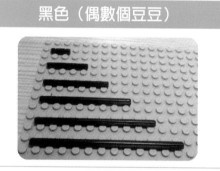	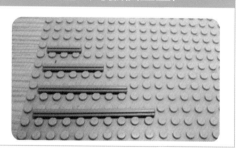

【命名】Technic Axle 9代表長度為9個顆粒，見上圖右邊的最下方十字軸。

【功能】用來連接十字孔或圓孔（必須搭配套環）。

【圖解說明】

十字軸連接「十字孔」	十字軸連接「圓孔」必須搭配套環
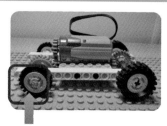	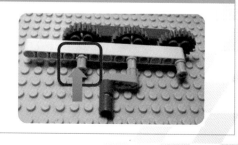

1-7-2　套環（Technic Bush）

【定義】又稱為「套筒」或「固定器」，用來固定零件於橫桿上。

【示意圖】

1/2高的套環	套環
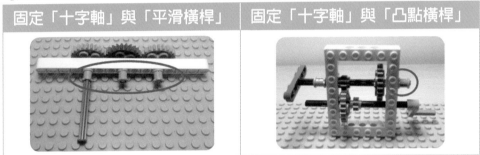	

【功能】用來固定「十字軸」與「平滑橫桿」，或「凸點橫桿」。

【圖解說明】

固定「十字軸」與「平滑橫桿」	固定「十字軸」與「凸點橫桿」

1-7-3　插銷（Bolt or Pin）

【定義】指用來連接不同零件於橫桿上或其他積木上的連接器。

【示意圖】

短插銷（固定式）	長插銷（固定式）	短插銷（活動式）	長插銷（活動式）

【功能】

　　用來連接「十字孔與圓洞」或「圓洞與圓洞」元件，以便產生固定式或活動式的效果。

【圖解說明】「活動式插銷」與「固定式插銷」連接測試

| 米色短插銷（活動式） | 藍色短插銷（固定式） |

容易轉動　　不易轉動

米色短插銷　　藍色短插銷

【說明】

1. 在**藍色短插銷**（固定式）中，會發現汽車輪胎在轉動時，**不易轉動**。
2. 在**米色短插銷**（活動式）中，會發現汽車輪胎在轉動時，**容易轉動**。

1-7-4 各式連接器（Connector）

【與插銷相同之處】都是用來連接不同零件於橫桿或其他積木上。

【與插銷不同之處】屬於複合式的樣式。

【示意圖】

「雙軸」連接器	「角度」連接器	「H型」連接器	「L型」連接器

「轉向」連接器			
垂直連接器	分開直立雙孔插銷	直立三孔插銷	3L垂直連接器
雙十字軸垂直連接器	直立雙孔插銷	三軸向連接器	雙插銷連接器

【說明】其中「角度」連接器（Angle Connector），共有六種，在零件上面有數
字編號：

1號	2號	3號	4號	5號	6號
0度	180度	157.5度	135度	112.5度	90度

相差　22.5度　　22.5度　　22.5度　　22.5度

【雙軸連接器之應用】

【使用時機】十字軸長度不足時，可以用它來連接成一支較長的十字軸。

1個雙軸連接器及2支3M十字軸	1雙軸連接器來連接2支十字軸

【範例】組裝一隻慢吞吞的機器蟲。

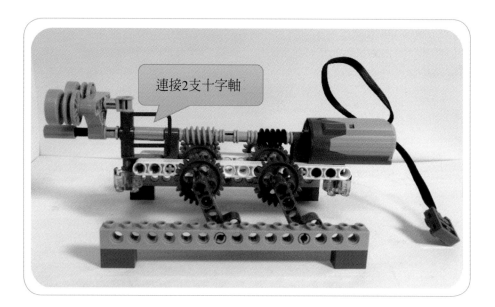

連接2支十字軸

【角度連接器之應用】

【使用時機】

1. 「2號角度連接器」可以連接兩支十字軸，以增加軸的長度。

2. 中間的洞，可以「水平」連接，而「垂直」固定。

3. 可以製作各種不同角度的機構造型。

增加軸的長度	「水平」連接，「垂直」固定

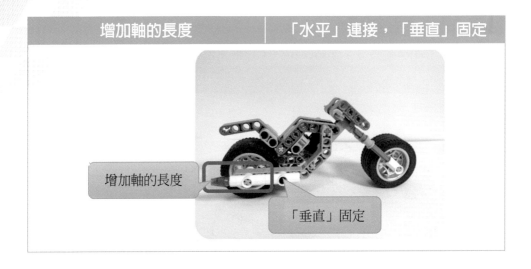

【範例】組裝一台腳踏車及賽車。

腳踏車	賽車

【H型與L型連接器之應用】

【使用時機】用來強化固定車底或車身的結構。

強化固定車底（H型）	強化固定車身（L型）

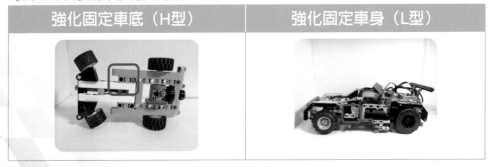

【垂直連接器之應用】

【使用時機】固定式「水平」十字軸與活動式「垂直」十字軸或固定式插銷。

小汽車的前方	偏心軸的機構

【雙十字軸垂直連接器之應用】

【使用時機】用來連接「水平」與「垂直」十字軸。

摩托車的前輪	避震器機構車

【分開直立雙孔插銷之應用】

【使用時機】腳踏車或摩托車的方向軸。

腳踏車的方向軸	摩托車的方向軸

【三軸向連接器之應用】

【使用時機】迴力車及飛機的螺旋槳。

迴力車	飛機的螺旋槳

1-8 樂高機器人的動力機械傳遞方式

在樂高動力機械的原理中，馬達與齒輪是主要的動力來源，亦即馬達可以透過「齒輪」來將動力傳遞到其他裝置上，例如：起重機、堆高機、挖土機的機械力臂、各式車輛的輪子、飛機的螺旋槳等。

【齒輪的用途】

1. **傳遞動力**：亦即產生不同的扭力。
2. **改變速度**：亦即產生不同的轉速。
3. **改變方向**：亦即產生正逆轉方向。

以上三種用途都可以透過不同的「齒輪」組合，來產生不同的效果。因此，在學習動力機械的傳遞原理之前，必須要先了解各種齒輪的大小、形狀等。

【齒輪的互相作用】以「大齒輪帶動小齒輪」為例。

大齒輪（右）40齒	小齒輪（左）8齒

40齒齒輪（驅動輪）

8齒齒輪（被動輪）

【說明】當40齒的大齒輪轉動一圈，則8齒的小齒輪轉動五圈（40/8 = 5）。

【分析1】

$$被動輪轉速比 = \frac{驅動輪（如：馬達）}{被動輪（如：馬達）}$$

$$被動輪轉速比 = \frac{40}{8} = 5$$

【分析2】

比較效果　　　帶動方式	大齒輪帶小齒輪	小齒輪帶大齒輪
傳遞動力（產生扭力）	小	大
轉動速度	快	慢
轉動方向	順（逆）時鐘	逆（順）時鐘
施力狀況	費力	省力

【說明】

1. 大齒輪帶小齒輪：適用平地之機器人比速度或賽車。

2. 小齒輪帶大齒輪：適用爬山坡。

3. 大齒輪轉一齒，小齒輪也轉動一齒，但是大齒輪的齒多，因此大齒輪轉一圈的時候，小齒輪即會轉許多圈。

1-8-1　齒輪

【定義】

　　齒輪是樂高動力機械組及樂高機器人的主角，它是機械設備關鍵的傳動零件之一，廣泛應用於日常生活及傳動系統。

【主要目的】用來傳遞馬達所產生的動力給其他零件。

【常用的齒輪形狀】

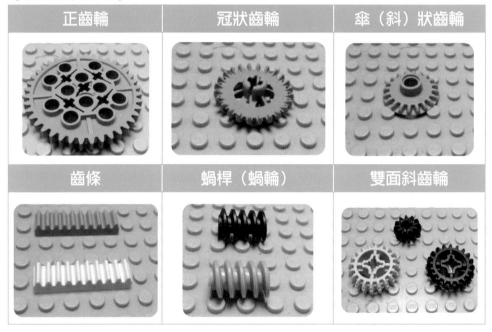

正齒輪	冠狀齒輪	傘（斜）狀齒輪
齒條	蝸桿（蝸輪）	雙面斜齒輪

一、正齒輪

【定義】連接兩「平行軸」之齒輪，稱為「正齒輪」，是最常見的齒輪。

【機構原理】

水平「正齒輪」帶動另一個水平「正齒輪」

【說明】齒輪中心的十字孔可以利用「十字軸」來連接「橫桿」，並利用「套筒」固定。

【常見的種類】

8齒	16齒	24齒	40齒

【連接兩「平行軸」之齒輪】

大齒輪（左）40齒	大齒輪（右）40齒

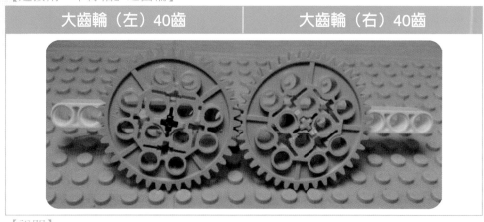

【說明】

1.當左齒輪「順時針」轉動時，則右齒輪的轉動方向為「逆時針」。

2.當左齒輪「逆時針」轉動時，則右齒輪的轉動方向為「順時針」。

【範例1】「腳踏車」的「變速器」換檔之原理。

大齒輪帶小齒輪	小齒輪帶大齒輪

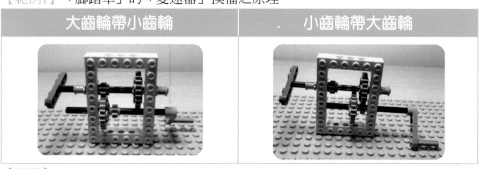

【說明】

1.大齒輪帶小齒輪：適用平地或賽車。

2.小齒輪帶大齒輪：適用爬山坡。

【範例2】「汽車」的「換速箱」換檔之原理。

【說明】同範例1。

【連接三個正齒輪的互相作用】

左齒輪	中齒輪	右齒輪

【說明】

1.當左齒輪「順時針」轉動時，則中齒輪的轉動方向為「逆時針」。但是，右齒輪的轉動方向為「順時針」。

2.當左齒輪「逆時針」轉動時，則中齒輪的轉動方向為「順時針」。但是，右齒輪的轉動方向為「逆時針」。

【驅動馬達帶動摩托車】四個正齒輪。

驅動馬達

四個正齒輪

二、冠狀齒輪

【定義】連接兩「相交軸」之齒輪，稱爲「冠狀齒輪」。

【機構原理】

水平「冠狀齒輪」帶動垂直的「正齒輪」

【適用時機】改變傳遞動力的方向。

【注意】齒輪之間的間隙較大，當傳遞較大動力時，比較容易產生脫落現象，導致齒輪磨損的風險。

【範例1】前輪驅動車、四輪傳動車、打蛋機。

前輪驅動車（正面）	四輪傳動車（正面）

前輪驅動車（背面）	四輪傳動車（背面）
 沒有傳動軸	 有傳動軸

【範例2】仿生物玩具。

甲蟲（正面）	甲蟲（側面）
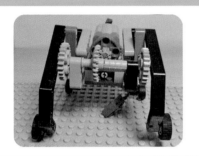	

三、傘（斜）狀與雙面斜齒輪

【定義】指傘狀的齒輪，基本上是用來連接兩「相交軸」之齒輪。

【機構原理】

水平「傘狀齒輪」帶動垂直的「傘狀齒輪」或「雙面斜齒輪」

【適用時機】改變傳遞動力的方向或速度。

【範例】

射擊彈珠的發射器 （傘狀與雙面斜齒輪）	差速器（三個傘狀）

【差速器的功能】

1. 車輛轉彎時，內、外兩側輪子轉速必須要不同，否則會產生翻車現象。
2. 當車子轉彎時，「內側輪子速度」小於「外側輪子速度」。

【樂高汽車的差速器】

四、蝸桿（或稱蝸輪）

【定義】是指蝸狀的齒輪。基本上，它是用來連接兩「錯交軸」之齒輪。

【機構原理】

水平「蝸輪」帶動垂直的「正齒輪」➔三種不同的減速器

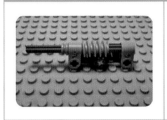  

【說明】當「蝸桿」轉動一圈時，則它會帶動「正齒輪」轉動一齒，但是，相反的，「正齒輪」無法帶動「蝸桿」，所以此機構具有「自鎖」功能。

【目的】以達到「減速」效果。

【適用時機】需要「減速」的摩天輪與升降梯。

【範例1】升降梯。

升降梯（正面）	升降梯（側面）
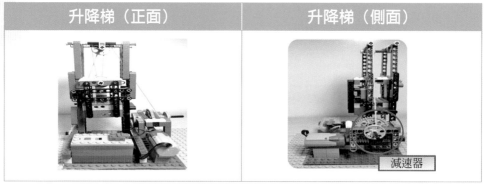	

【注意】蝸輪可以帶動正齒輪，反之，正齒輪無法帶動它。

【範例2】慢吞吞的蟲。

慢吞吞的蟲

五、齒條

【定義】是指條狀的齒輪。

【機構原理】

垂直方向的「正齒輪」帶動水平方向的「齒條」

【功能】將圓形齒輪的轉動方向轉成「齒條的水平或垂直」方向。

【適用時機】馬達的轉動變成「水平移動」或「垂直移動」。

【範例】電動門、升降機及汽車前輪的轉向。

汽車前輪的轉向（水平移動）

【注意】齒輪可以不停的轉動，但齒條卻有一定的長度限制，移動到齒條盡頭時，就必須要倒轉。

1-8-2 傳遞動力的方法

在了解各種齒輪的種類及運用之後,你是否有發現,如果要將「出發點甲地」的動力傳遞至「目的點乙地」時,必須要安裝非常多個環環相扣的齒輪。此種作法會產生以下的缺點:

1. 扭力會被損耗掉。
2. 太占空間。
3. 浪費齒輪。
4. 增加整個機構的複雜度。
5. 爾後維修不易。

【四種常見的解決方法】

1. 利用「**傳動軸**」來傳遞動力。
2. 利用「**皮帶**」來傳遞動力。
3. 利用「**鏈條**」來傳遞動力。
4. 利用「**履帶**」來傳遞動力。

一、利用「**傳動軸**」來傳遞動力

在樂高的動力機械組中,最常用「傳動軸」來設計「汽車」與「飛機」。

【運作原理】利用「驅動輪」透過「傳動軸」來帶動「從動輪」。

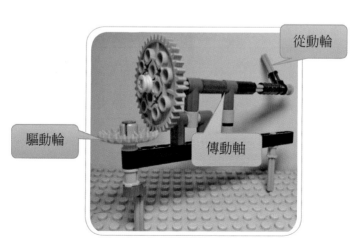

【範例1】四輪傳動車：

我們可以將「後輪的動力」透過「傳動軸」傳遞給「前輪」。

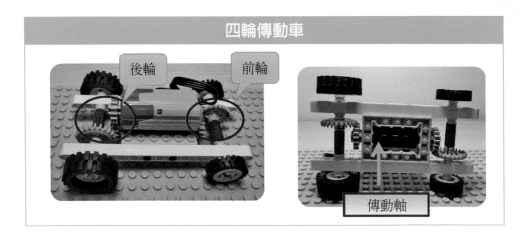

【範例2】飛機的「主翼」帶動「尾翼」。

【說明】透過「甜甜圈」垂直連接，適合傳輸高扭力，並可改善「正齒輪＋斜齒輪」在高扭力時，可能導致的滑脫或斷裂情況。

二、利用「皮帶」來傳遞動力

在樂高的動力機械組中，「皮帶」最常用來設計「機器狗」與「飛機」。

【運作原理】利用「皮帶」來帶動相異兩地的「滑輪」。

【優點】可以任意調整「皮帶」的長度。

【缺點】

當「皮帶」太緊繃時，亦即相異兩地的「滑輪」摩擦力過大，可能會導致打滑，而產生傳遞的動力不完整。

【兩種傳動方式】

皮帶平行傳動（轉向相同）	皮帶交叉傳動（轉向相反）
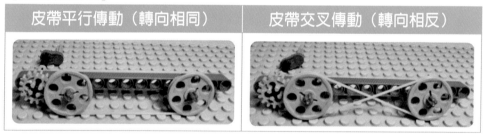	

【範例1】機器狗。

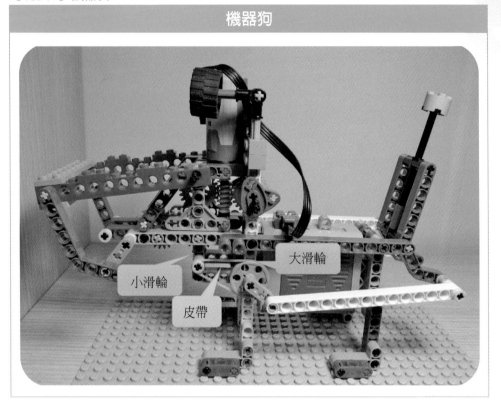

機器狗

小滑輪

皮帶

大滑輪

【說明1】利用「皮帶」傳遞動力來帶動「機器狗的尾巴擺動」。

【說明2】利用「小滑輪」帶動「大滑輪」可以提高「較大扭力」。

【範例2】仿生物玩具。

鱷魚

三、利用「鏈條」來傳遞動力

在樂高的動力機械組中，「鏈條」最常用來設計「腳踏車」與「摩托車」。

【運作原理】利用「鏈條」來帶動相異兩地的「正齒輪」。

24齒　8齒　鏈條

【優點】

1. 可以任意調整「鏈條」的長度。

2. 當摩擦力過大，不會產生打滑現象。

【缺點】當摩擦力過大，可能會導致「鏈條」斷裂現象。

【範例1】腳踏車

　　我們可以將「踏板驅動輪」的動力透過「鏈條」傳遞給「後輪」

一般腳踏車	可變速腳踏車

四、利用「履帶」來傳遞動力

　　「履帶」在樂高的動力機械組中，最常用來設計「坦克車」與「大吊車」。

【運作原理】利用「履帶」來帶動相異兩地的「正齒輪」。

24齒　　鏈條　　24齒

【優點】

　　1. 可以任意調整「履帶」的長度。

　　2. 可以在凹凸不平的路面上行走。

【範例1】動力機械的坦克車。

履帶車底盤的基本架構	動力機械小坦克車

動力機械中型坦克車（前面）	動力機械中型坦克車（側面）

【範例2】NXT機器人的坦克車。

NXT機器人的坦克車

主動輪　　　惰輪　　　接地輪

【說明】伺服馬達透過「主動輪」來帶動履帶，使用「接地輪」與地板緊密接觸摩擦，而「惰輪」輔助履帶平衡，不會下凹。

第二章
LeJOS程式開發 EV3主機的環境

本章學習目標

1. 了解樂高機器人的開發工具「LeJOS程式」之取得及安裝。
2. 了解「LeJOS系統」在EV3主機上的選項功能。

本章內容

第二章 LeJOS程式開發EV3 主機的環境

2-1 樂高機器人程式開發環境

想要撰寫「樂高機器人」程式之前，一定先了解目前有哪些開發環境（軟體），以便讓我們可以順利的控制機器人的各種動作。而目前教學上常用的程式發展環境，大致上可分為兩大類：

1. **圖控式**（icon-based）的程式開發環境。
2. **文字式**（text-based）的程式開發環境。

2-1-1 圖控式（Lcon-based）的程式開發環境

【定義】

是指利用一連串的「拼圖元件模組」來建構問題的「處理程序」，在撰寫程式時只需要拖拉相關的「圖控」，再設定屬性即可完成。

【舉例1】Lego EV3 套件內附的EV3-G 程式開發環境

EV3-G拼圖程式是LEGO公司用來針對設計EV3機器人程式的軟體，而在**EV3-G中G代表Graphic**（圖形），亦即它是一種「圖形化」的拼圖程式軟體。

【舉例2】Google & MIT研發的App Inventor拼圖程式開發環境。

Google實驗室基於「程式圖形化」理念，發展了「App Inventor」拼圖程式，是專門用來撰寫Android App的開發平台。

【示意圖】

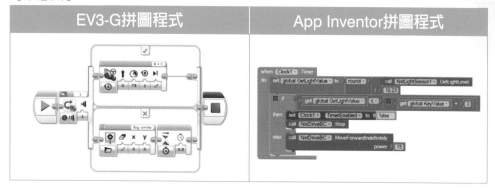

【EV3-G優點】

1. 圖形化設計介面的開發環境。

2. 容易學習及維護。

3. 適合初學者設計機器人程式的第一種語言。

【EV3-G缺點】

1. 功能與LeJOS相比之下較少。

2. 除錯極少使用。

【適用時機】設計自走樂高機器人。

【適用對象】國中、小學生或第一次接觸樂高機器人程式者。

【App Inventor優點】

1. 提供「雲端化」的「整合開發環境」來開發專案。

2. 提供「群組化」的「元件庫」來快速設計使用者介面。

3. 利用「視覺化」的「拼圖程式」來撰寫程式邏輯。

4. 支援「娛樂化」的「EV3樂高機器人」製作的控制元件。

5. 提供「多元化」的「專案發布模式」可輕易在手機上執行測試。

【App Inventor缺點】

1. 樂高元件較少。

2. 沒有提供最佳的編輯工具。

【適用時機】手機控制之樂高機器人。

2-1-2 文字式（Text-based）程式開發環境

【定義】

　　是指利用一連串的「文字指令區塊」來建構問題的「處理程序」，在撰寫程式時必須要熟悉相關的指令名稱、語法及變數的命名規則等，並且以「文字」方式來撰寫相關的程式碼。

【舉例1】在BricxCC 開發環境中撰寫「NXC程式」。

【舉例2】在Eclipse開發環境中撰寫「LeJOS程式」。

【示意圖】

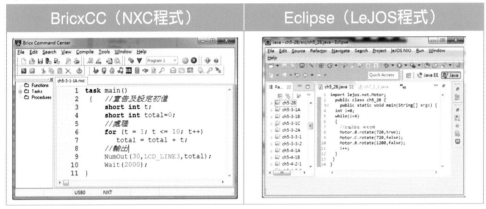

【優點】

　　1. 功能較強大。

　　2. 提供最佳的編輯及除錯工具。

【缺點】

　　1. 文字化設計介面的開發環境，不容易學習及維護。

　　2. 不適合做爲初學者設計機器人程式的第一種語言。

【適用時機】對於功能及效能有特別要求時。

2-2　EV3樂高機器人的程式設計流程

在前一章節中，我們已經了解EV3主機的組成元件了，但是，光有這些零件，只能組裝成機器人的外部機構，並無法讓使用者控制它的動作。因此，要如何在EV3主機上撰寫程式，讓使用者進行測試及操控機器人，是本章節的重要課題。

【設計機器人程式的三部曲】

基本上，要完成一個指派任務的機器人，必須要包含：組裝、寫程式、測試三個步驟。

【示意圖】

組裝	寫程式	測試

【說明】

1. **組　裝**：依照指定任務來將「馬達、感應器及相關配件」裝在「EV3主機」上。
2. **寫程式**：依照指定任務來撰寫處理程序的動作與順序（LeJOS程式）。
3. **測　試**：將LeJOS程式上傳到「EV3主機」內，並依照指定任務的動作與順序來進行模擬運作。

【流程圖】

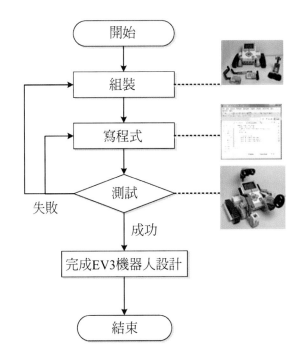

2-3 何謂LeJOS程式？

　　LeJOS是一種控制EV3樂高機器人的程式語言，換言之，LeJOS即為針對
EV3量身定作的Java語言。

【與Java的關係】它是以Java語言為基礎。

【開發環境】透過Eclipse整合開發環境（IDE），可讓我們利用LeJOS來撰寫
　　　　　　EV3機器人程式。

【官方網站】http://www.lejos.org

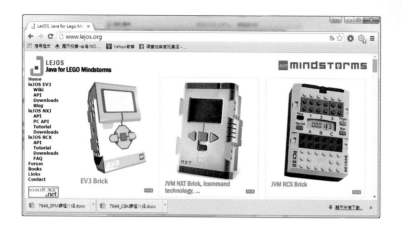

【Eclipse開發環境與LeJOS程式】

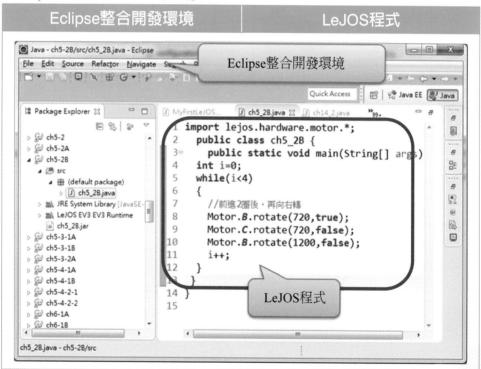

| Eclipse整合開發環境 | LeJOS程式 |

【優點】

1. 銜接正規程式Java語言的先修課程。

2. 學會LeJOS語言等同於學會目前主流的Java語言。

3. 「邊做邊寫」引起學習動機與增加興趣。

2-4 LeJOS語言的編譯過程

LeJOS語言的編譯過程與傳統的C語言類似,都是先將使用者所撰寫的「原始程式」透過「編譯程式」轉換成相對應的「目的程式」(亦稱為機械碼),然後,再利用「連結程式」來連結「函式庫」及設計者事先撰寫完成的「副程式」,以產生「可執行模組」,最後載入到EV3主機的記憶體中,以便執行。如下圖所示:

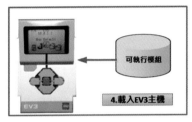

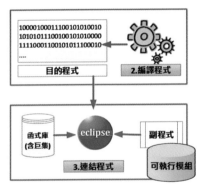

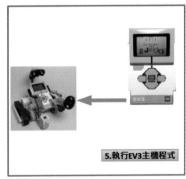

【說明】在本書中,筆者選擇「**Eclipse**」編譯器作為LeJOS語言開發的平台,其主要原因就是它是一套完全免費的軟體,並且軟體本身安裝後所占的記憶體非常的小,因此非常廣泛的被使用。

2-5　EV3開發LeJOS程式需要設備

一、Lego Mindstorms EV3套件（家用版或教育版皆可）

| EV3家用版（零售版）LEGO 31313 | EV3教育版LEGO 45544 |

二、EV3使用的USB無線網路卡

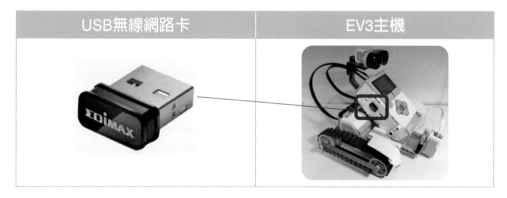

| USB無線網路卡 | EV3主機 |

三、Micro SD Card（至少2GB）

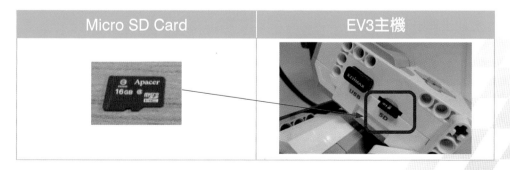

| Micro SD Card | EV3主機 |

四、Windows電腦

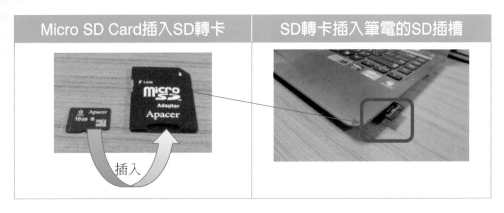

| Micro SD Card插入SD轉卡 | SD轉卡插入筆電的SD插槽 |

五、無線網路

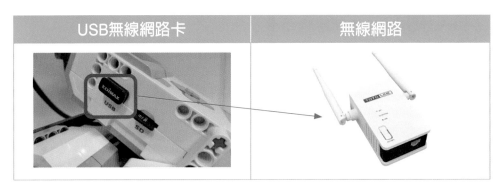

| USB無線網路卡 | 無線網路 |

2-6 如何取得及安裝LeJOS程式

　　在了解EV3開發LeJOS程式需要的設備之後，接下來，就必須要有LeJOS軟體來結合硬體設備。因此，我們首先要取得LeJOS軟體，再來進行安裝程式，其完整的步驟如下：

　　步驟一：安裝**Java JDK套件**。

　　步驟二：安裝**LeJOS程式**。

　　步驟三：**更新韌體**。

2-6-1　取得及安裝Java JDK套件

由於LeJOS程式的核心就是Java，因此當我們在撰寫完成LeJOS之後，必須要透過**Java JDK**（**Java Development Kit**）來進行編譯，其中**JDK代表Java的開發套件**。所以，在建置LeJOS的開發環境之前，必須要先下載再安裝Java JDK。

一、**下載Java JDK**

所以，我們必先到官方網站下載「Java JDK版本」。

(一) http://www.oracle.com/technetwork/java/javase/downloads/index.html

(二) 選擇「Java」圖示

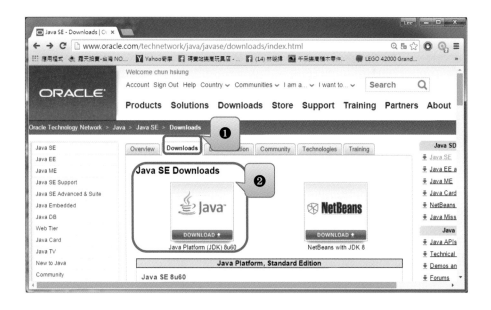

(三) 在Java SE Development Kit 8對話方塊中，勾選「Accept License Agreement」，再下載「jdk-8u60-windows-i586.exe」

選「Accept License Ageement」

Java SE Development Kit 8u60

You must a━━ the Oracle Binary Code License Agreement for Java SE to download this software.

○ Accept License Agreement　　◉ Decline License Agreement

Product / File Description	File Size	Download
Linux ARM v6/v7 Hard Float ABI	77.69 MB	jdk-8u60-linux-arm32-vfp-hflt.tar.gz
Linux ARM v8 Hard Float ABI	74.64 MB	jdk-8u60-linux-arm64-vfp-hflt.tar.gz
Linux x86	154.66 MB	jdk-8u60-linux-i586.rpm
Linux x86	174.83 MB	jdk-8u60-linux-i586.tar.gz
Linux x64	152.67 MB	jdk-8u60-linux-x64.rpm
Linux x64	172.84 MB	jdk-8u60-linux-x64.tar.gz
M	227.07 MB	jdk-8u60-macosx-x64.dmg
S (R4 package)	139.67 MB	jdk-8u60-solaris-sparcv9.tar.Z
Solaris SPARC	99.02 MB	jdk-8u60-solaris-sparcv9.tar.gz
Solaris x64 (SVR package)	140.18 MB	jdk-8u60-solaris-x64.tar.Z
Solaris x64	96.71 MB	jdk-8u60-solaris-x64.tar.gz
Windows x86	180.82 MB	jdk-8u60-windows-i586.exe
Windows x64	186.16 MB	jdk-8u60-windows-x64.exe

Windowns 32位元

Windowns 64位元

【注意】筆者建議下載使用32位元版本的JDK。亦即Windows x86版本下的
　　　　「jdk-8u60-windows-i586.exe」檔案。

【說明】請將檔案儲存到C:\MyEV3資料夾。

二、安裝Java JDK套件

　　　　假設您在前一個步驟中，已經順利下載Java JDK了。接下來，我們就可以開
始進行安裝Java JDK，其步驟如下：

(一) 執行「jdk-8u60-windows-i586.exe」

【說明】在上面的對話方塊中，請按下方的「Next」鈕。

(二) 安裝路徑

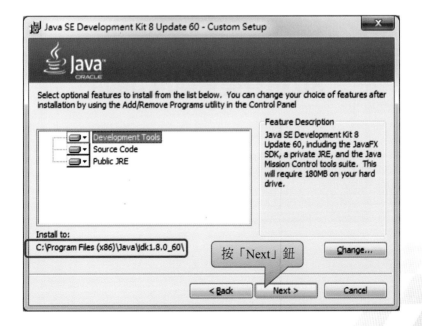

【說明】在上面的對話方塊中,我們可以看到預設的路徑為「C:\Program Files
(x86)\Java\jdk1.8.0_60」,如果沒有要更改,請直接按下方的
「Next」鈕。

(三) 安裝完成

【說明】如果安裝到最後，出現以上的對話方塊，代表已經安裝完成。此時，請
　　　　直接按下方的「Close」鈕即可。

三、Java JDK的環境設定

　　當安裝完成JDK之後，接下來，我們還必須要設定它的環境，亦即提供
Eclipse執行。

(一) 控制台開啟「環境變數」對話方塊

步驟一：控制台／系統安全性／系統／進階系統設定。

步驟二：在「系統內容」對話方塊中，按下「環境變數」。

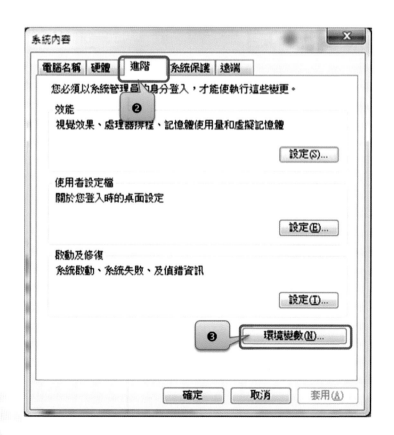

(二) 設定「環境變數」

2-6-2　下載及安裝LeJOS程式

當我們順利安裝完成及設定Java JDK套件之後，接下來，我們就可以開始下載及安裝LeJOS程式了。

一、下載LeJOS程式

透過瀏覽器連接到官方網站來下載LeJOS軟體，官方網站為http://www.lejos.org/。

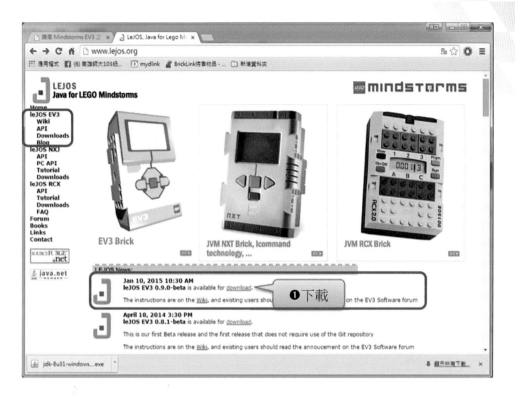

Looking for the latest version? Download leJOS_EV3_0.9.0-beta_win32_setup.exe (27.8 MB)

Home / 0.9.0-beta

Name ♦	Modified ♦	Size ♦	Downloads / Week ♦		
⬆ Parent folder					
README.md	2015-01-11	781 Bytes	9		❶
leJOS_EV3_0.9.0-beta_samples.zip	2015-01-10	40.7 kB	14		❶
leJOS_EV3_0.9.0-beta_win32.zip	2015-01-10	28.4 MB	9		❶
leJOS_EV3_0.9.0-beta_source.tar.gz	2015-01-10	777.6 kB	4		❶
leJOS_EV3_0.9.0-beta.tar.gz	2015-01-10	27.4 MB	48		❶
leJOS_EV3_0.9.0-beta_win32_setu...	❸ 10	27.8 MB	128		❶

Totals: 6 Click to download leJOS_EV3_0.9.0-beta_win32_setup.exe 　212

【說明】請將檔案儲存到C:\MyEV3資料夾。

二、安裝LeJOS程式

(一) 前置作業

請將SD卡進行格式化。

SD轉卡插入筆電的SD插槽	SD卡進行格式化

(二) 下載製作SD卡更新韌體所需的軟體

　　為了製作EV3之SD卡上的韌體，請下載Java SE Embedded 7程式。網址如下：http://www.oracle.com/technetwork/java/embedded/downloads/javase/javas-eemeddedev3-1982511.html

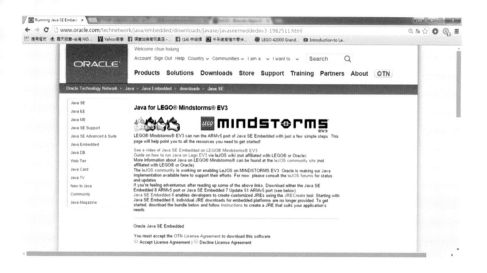

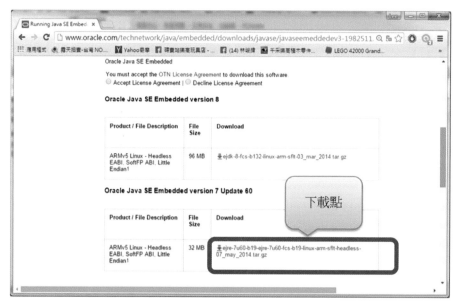

【說明】 1.請先按「同意版權聲明」，再選擇Java SE Embedded 7的下載連結，
儲存下載的檔案至C:\MyEV3資料夾。

2.此下載的軟體，必須要等安裝完成LeJOS程式之後，在「更新韌體」
時才會用到。

三、開始安裝

　　當我們順利下載LeJOS程式之後，接下來就可以開始進行安裝程序，其步驟如下：

(一) 開始安裝時的歡迎對話方塊

(二) 選擇Java JDK套件的安裝路徑

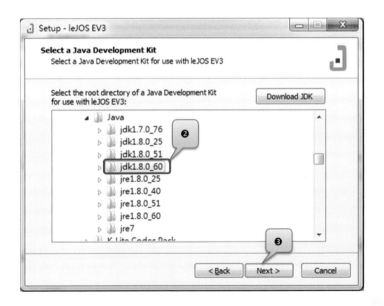

【注意】當你的電腦有安裝多個版本時，在這裡你就必須要選擇正確的版本。

(三) 選擇LeJOS的安裝路徑

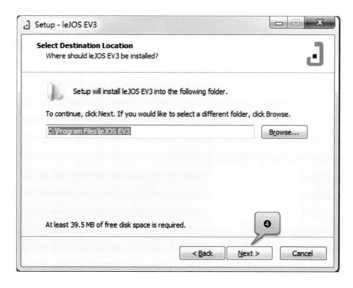

【說明】請使用預設路徑。

(四) 勾選「Additional Sources」

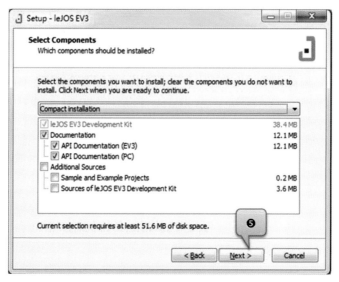

【說明】使用預設路徑即可，請直接按「Next」鈕。

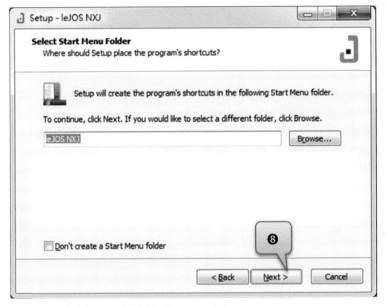

【說明】使用預設資料夾，直接按「Next」鈕。

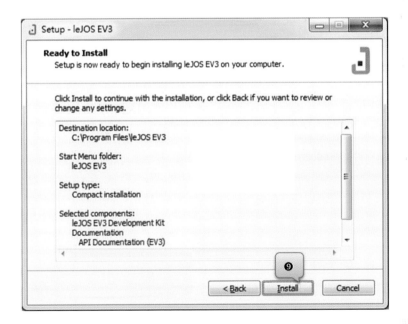

【說明】按「Install」鈕，即可開始進行LeJOS NXJ軟體的安裝程序。

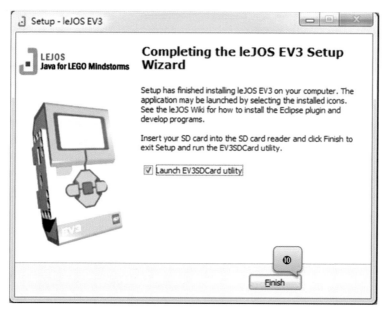

【說明】出現此畫面代表已經安裝成功，此時請再按「Finish」鈕，即可開始更
新韌體。

2-6-3　更新韌體（SD卡）

　　在上一步驟中，當安裝完成LeJOS程式之後，再按下「Finish」鈕，即可開
始進行「更新韌體」，此種方法是屬於第一次安裝LeJOS時的更新韌體動作。如
果未來想進行第二次更新韌體，則必須要從「C:\Program Files\LeJOS EV3\bin」
目錄下，執行「ev3sdcard」程式。如下圖所示：

（一）「Select SD driver」選擇記憶卡的磁碟機後選擇「JRE」

EV3 SD Card Creator

Select SD drive: SD16GB (G:) ▼ Refresh

Select the SD card image zip file from your leJOS EV3 installation

C:\Program Files\leJOS EV3\bin\..\lejosimage.zip　　Zip file

Download the EV3 Oracle JRE and the select the latest ejre .gz file

　　　　　　　　　　　　　　　　　　JRE

Click the link to download the EV3 Oracle JRE.　　0%

SD16GB (G:)　Create　Exit

開啟

查詢(I): MyEV3 ▼

ejre-7u60-fcs-b19-linux-arm-sflt-headless-07_may_2014.gz

檔案名稱(N): ejre-7u60-fcs-b19-linux-arm-sflt-headless-07_may_2014.gz

檔案類型(T): gz files ▼

開啟　取消

【說明】以上出現的「ejre-7u60-fcs-b19-linux-arm-sflt-headless-07_may_2014」檔
　　　　案是製作SD卡更新韌體所需的軟體。

(二) 選擇「Create」鈕，來開始製作記憶卡

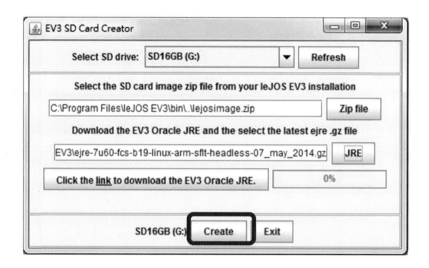

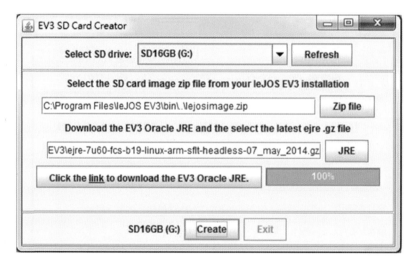

(三) 製作完成

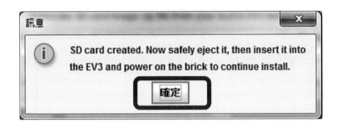

最後，請再按「Exit」結束，退出製作好的記憶卡。

2-7　LeJOS系統環境

當成功更新EV3主機的韌體之後，請將SD卡及USB無線網路卡插入到EV3主機上，如下圖所示：

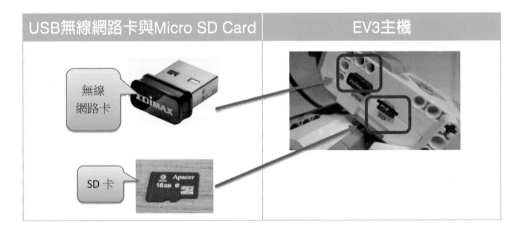

請重新開啟EV3主機，由於系統第一次使用，必須要執行初始化的工作，所以要花費較多的時間，請耐心等候一下。等開機完成之後，螢幕上會先顯示出LeJOS版本及圖示，就自動進入LeJOS系統的主畫面。此時，螢幕最上方會顯示「電池電量」及「EV3主機的名稱」，而在中間區域會顯示九個選項，如下圖所示：

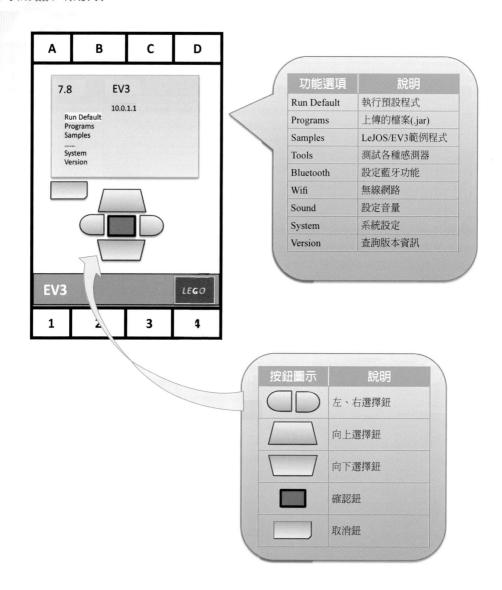

功能選項	說明
Run Default	執行預設程式
Programs	上傳的檔案(.jar)
Samples	LeJOS/EV3範例程式
Tools	測試各種感測器
Bluetooth	設定藍牙功能
Wifi	無線網路
Sound	設定音量
System	系統設定
Version	查詢版本資訊

按鈕圖示	說明
	左、右選擇鈕
	向上選擇鈕
	向下選擇鈕
	確認鈕
	取消鈕

2-6-1 LeJOS系統EV3主機端

一、Run Default（執行預設程式）

此選項的預設內容為「No default set」，你可以先從Files（檔案選單）中挑選某一個*.jar檔來當作Run Default。

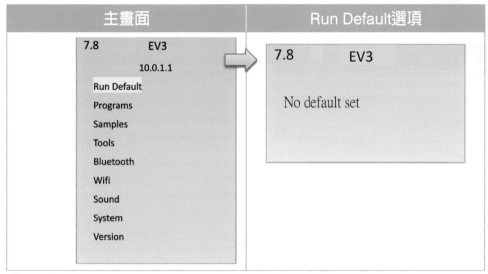

【目的】 1.可以快速啟動最常被執行的程式，例如：機器人比賽的程式。

2.減少在機器人展示或比賽時的誤按。

二、Programs（上傳到EV3的檔案）

指使用者從PC端上傳到EV3主機的檔案（.jar）。

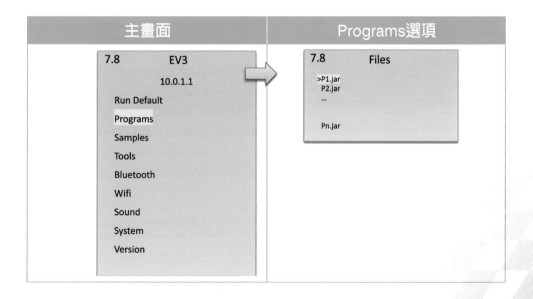

假設想將上圖Programs選項中的「P1.jar」檔案，設定為「執行預設程式」，按一下「確認」鈕，再利用左、右選擇鈕移到「Set as Default」選項，再按「確認」鈕即可完成設定。如下圖所示：

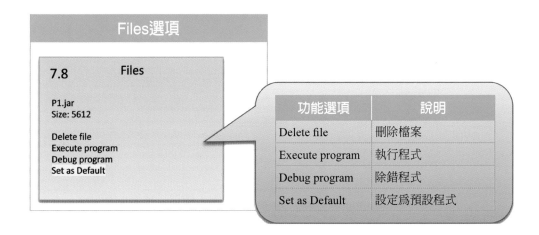

三、 Samples（LeJOS/EV3範例程式）

LeJOS提供之常使用的重要範例程式，可給EV3主機來展示。

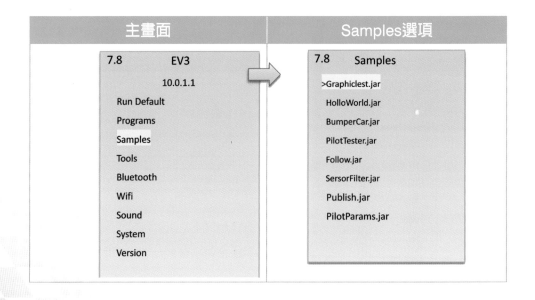

【常用的範例說明】

1. Graphiclest.jar檔案：用來顯示各種文字及圖形等內容。
2. HolloWorld.jar檔案：用來顯示LeJOS/EV3字幕及音效。
3. Follow.jar檔案：用來製作機器人自動歸位系統，如下圖所示。

【外觀圖示】

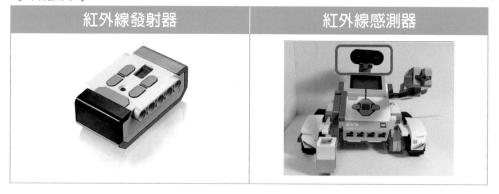

紅外線發射器	紅外線感測器

4. SersorFilter.jar檔案：利用顏色感測器來偵測不同色紙的反射光。

四、Tools（工具程式）

用來測試各種感測器，其中也包含IR紅外線感測器的工具程式。

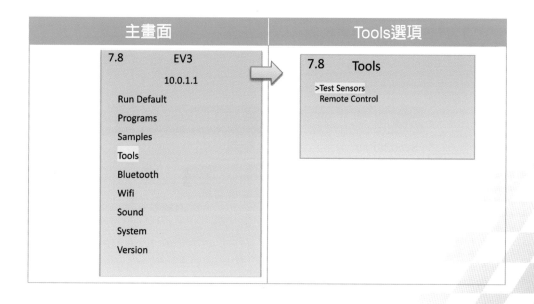

主畫面	Tools選項

【說明】

1. Test Sensors：用來測試各種感測器偵測值。

2. Remote Control：搭配IR（紅外線遙控器），可以遠端操控EV3機器人的基本動作。

五、Bluetooth（設定藍牙功能）

用來開啓藍牙功能，預設爲關閉狀態。

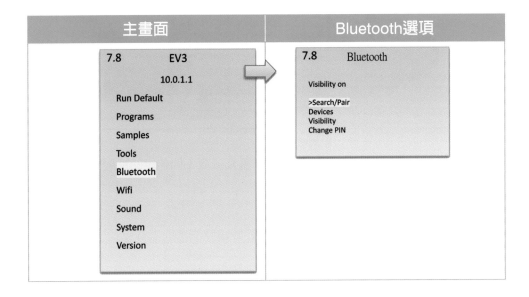

【說明】

功能選項	說明
Search/Pair	尋找／配對
Devices	查詢已配對的裝置
Visibility	設定藍牙可見性
Change PIN	更改配對代碼

六、Wifi（無線網路）設定

用來設定Wifi無線網路的功能。

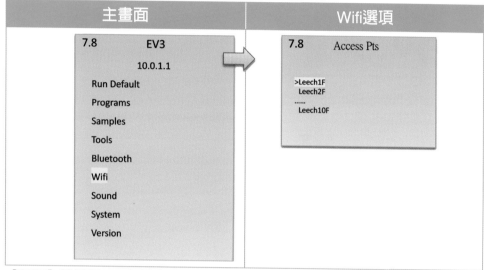

主畫面	Wifi選項

【說明】準備好USB無線網卡後，依照下列步驟執行設定的工作：

（一）請先將USB無線網路卡與Micro SD Card插入到EV3主機上，再開機

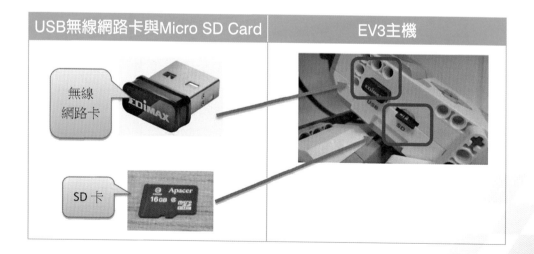

USB無線網路卡與Micro SD Card	EV3主機

(二) 請在主選單中，利用左、右箭頭來選擇「Wifi」

(三) 請選擇你目前所位置可以被使用的無線基地台名稱

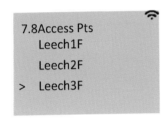

(四) 請輸入無線網路的密碼

(五) 在設定完成之後，請再按「D」

(六) 在你完成無線網路的設定後，會在畫面上顯示EV3的IP位址

七、Sound（設定音量）

用來設定播放音量及按鍵音。

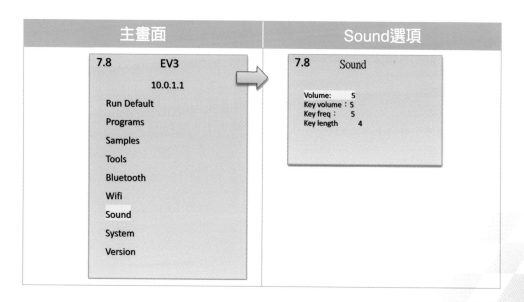

主畫面	Sound選項

請在上圖的Sound選項中，利用左、右選擇鈕來調整「播放音量（Volume）、按鍵音（Key volume）、按鍵頻率（Key freq）及按鍵音的長度（Key length）」，每按一次「確認」鈕，其對應的音量值+1。其最大音量為10，而最小音量為mute（代表靜音）。

八、System（系統設定）

用來查詢及設定的相關值。

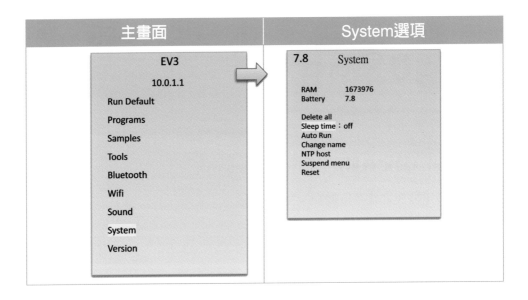

在System選項中，最上方會顯示目前EV3主機內的兩種狀態：

1. RAM：顯示目前主機中主記憶體空間大小，它是用來儲存正在執行中的程式。

2. Battery：目前主機中電池的電量。

下方所顯示的系統操作功能，可以利用左、右選擇鈕來調整相關功能，再按「確認」鈕來設定。如下圖所示：

功能選項	說明
Delete all	刪除已上傳的.jar檔
Sleep time	調整休眠時間
Auto Run	自動執行
Change name	更改EV3主機的名稱
Reset	重新設定

九、Version（查詢版本資訊）

它是用來查詢版本資訊。

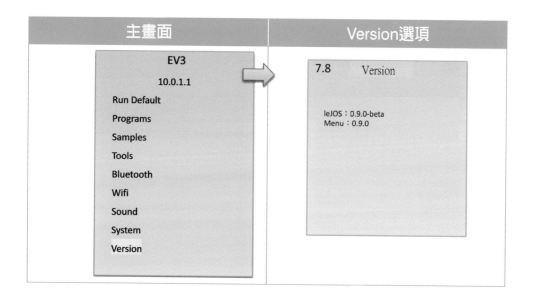

第三章
開發LeJOS程式
使用Eclipse

本章學習目標

1. 了解「Eclipse軟體」具有的功能及其整合開發環境。
2. 了解如何在Eclipse開發環境中撰寫第一支LeJOS程式。

本章內容

第三章 開發LeJOS程式使用Eclipse

3-1 何謂Eclipse軟體？

Eclipse是一套跨平台的**整合開發環境**，原先是用來開發Java程式使用，由於它還可以讓使用者外掛安裝，因此，可以用來開發**C++**、**Python**、**PHP**及**LeJOS**等語言。

【優點】

1. 可讓使用者外掛（**Plug-in**）額外程式。
2. 具有支援自動編排、除錯、語法檢查及關鍵字變色等功能。
3. 是一套具有「整合性」的開發工具（Integrated Development Environment, IDE）。
4. 可以開發Android手機的應用程式，以利我們透過藍牙來控制樂高機器人。

Eclipse的官方網站：**http://www.eclipse.org/**

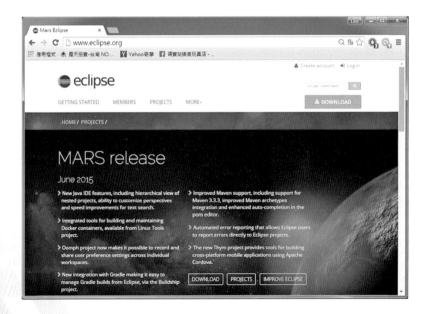

3-2 下載及執行Eclipse軟體

既然Eclipse軟體是具有強大的LeJOS程式的整合開發工具，那我們就必須要先到官方網站來下載及執行才能真正使用。

一、下載Eclipse軟體

前往Eclipse網站：http://www.eclipse.org/downloads/

二、執行Eclipse軟體

　　由於Eclipse軟體是屬於免安裝的軟體，因此，當你順利下載eclipse-jee-mars-R-win32.zip檔之後，再進行解壓縮，此時，它會自動建立一個「eclipse」資料夾，請再執行此資料夾中的「eclipse.exe」執行檔，即可開啟Eclipse開發環境。

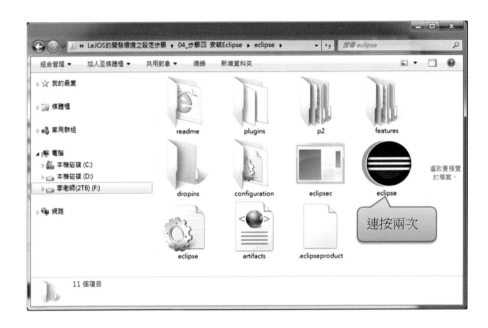

3-3　Eclipse整合開發環境

　　在完成Eclipse軟體下載及解壓縮之後，此時，我們可以來啟動及EV3外掛程式。

一、啟動Eclipse

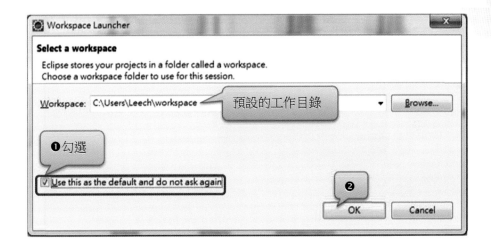

此時，啟動Eclipse過程中，會顯示目前Eclipse版本，如下圖所示：

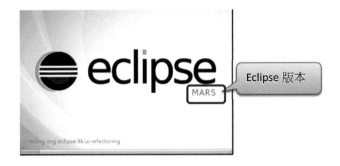

當第一次啓動時，會自動出現Welcome的歡迎畫面。如下圖所示：

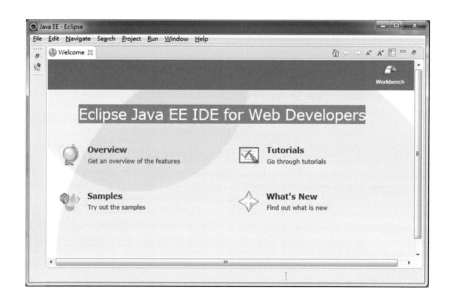

此時，只需要按「Welcome」右邊的「×」關閉此畫面，即可進入到Eclipse的主畫面。如下圖所示：

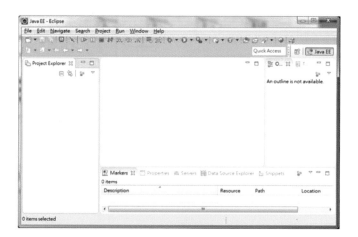

二、在Eclipse中安裝EV3外掛程式

　　請在Eclipse上方功能表的Help選單中，點選「Install New Software⋯」選項，如下圖所示：

　　接下來，請再點選右側的「Add...」鈕，來新增外掛軟體套件。

　　此時，它會自動出現「Add Repository」對話方塊，你必須要在Name欄位中輸入LeJOS Plugin（建議輸入此名稱）；在Location欄位中，請輸入：http://lejos. sourceforge.net/tools/eclipse/plugin/ev3。

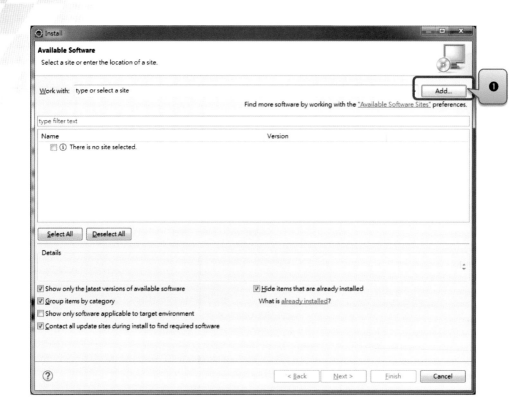

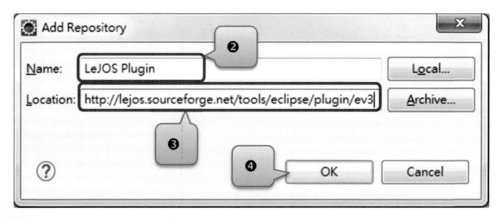

【說明】此時，在下方就會出現LeJOS EV3 Support的外掛程式，請勾選如下：

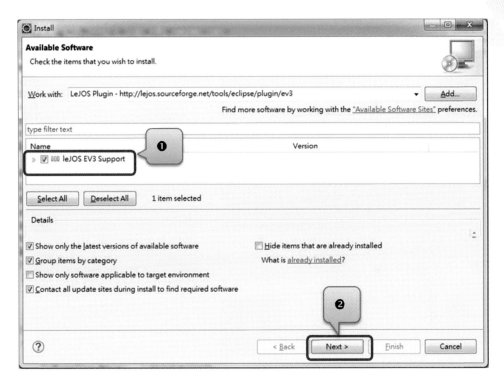

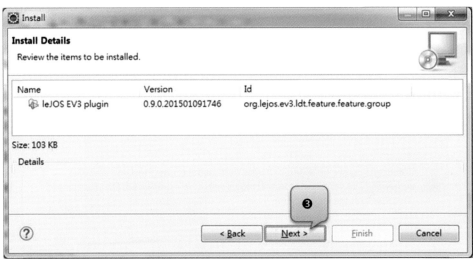

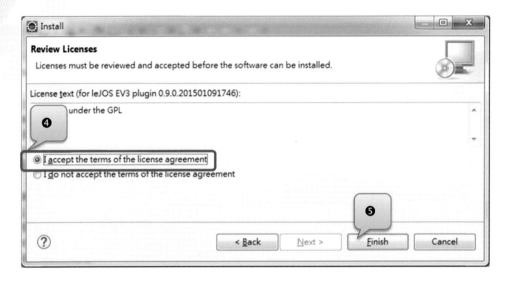

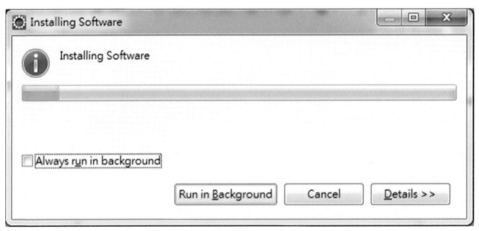

當外掛程式安裝完成之後，會出現重新啟動Eclipse的視窗，如下圖所示：

重新啟動Eclipse之後，此時Eclipse開發環境的「功能表列」就會嵌入一個「LeJOS EV3」選項。亦即代表外掛成功。

【說明】它是透過網路來安裝 LeJOS 套件。安裝完成之後會在工具列上看到一個橘色的 J 符號。

三、偏好設定

在Eclipse整合開發環境中，預設的字體大小，可能不一定適合每一位開發者，因此我們可以透過偏好設定來完成。

(一) 字體大小設定

步驟：Windows / Preferences

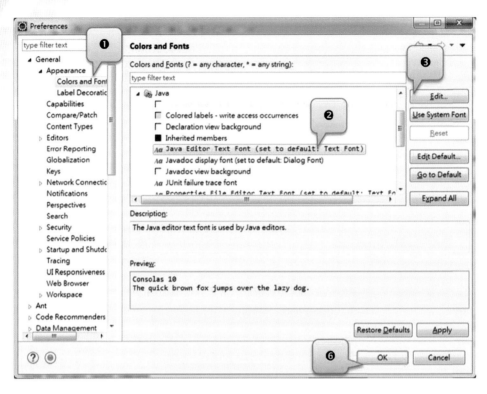

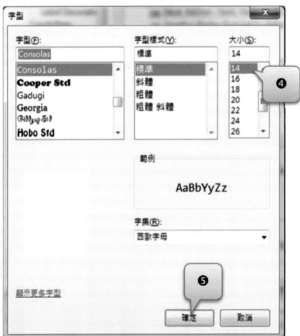

(二) 自動產生行號

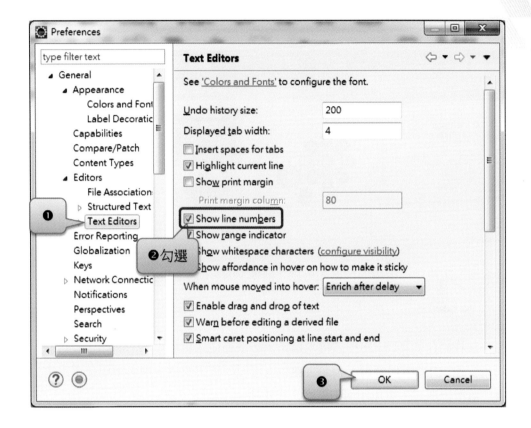

3-4　撰寫第一支LeJOS程式

前置工作：

1. 新增專案。

2. 新增類別。

基本上，要撰寫一支LeJOS程式必須要有四個步驟。

步驟一：「撰寫」程式碼（MyFirstLeJOS.java）

步驟二：「編譯」LeJOS原始程式碼

步驟三：「下載」程式到EV3主機中　　　按「R<u>un</u>」鈕

步驟四：「執行」EV3主機中的程式

　　LeJOS語言是透過Eclipse整合開發環境中的「編譯器」，將使用者所撰寫的「原始程式（.java）」轉換成（.jar檔），並下載到EV3主機中執行。

【圖解說明】

「撰寫」原始程式（.java）	「編譯」程式（.class檔）	「下載」到EV3主機	「執行」程式（.jar檔）
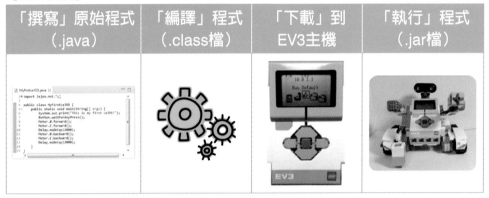			

【實作】請設計一台輪型機器人可以「前進」2秒，再「後退」2秒後停止。

一、前置工作

　　當我們在撰寫LeJOS程式時，首先，必須要從「新增專案」開始，其目的是用來管理LeJOS各項資源，但是要讓LeJOS可以真正執行，則必須要在專案中，再「新增類別」，並在類別中來撰寫程式碼。

　　（一）新增專案

步驟一：File ╱ New ╱ LeJOS EV3 Project。

步驟二：輸入專案名稱（MyFirstLeJOS.java）。

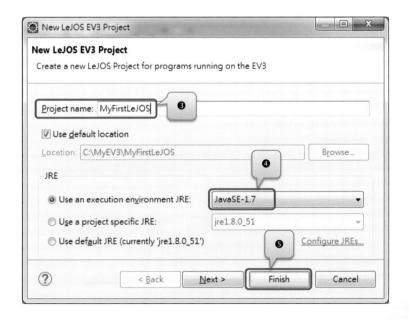

【說明】

　　1. Project_name：專案名稱，請輸入具有意義的名稱，如MyEV3Move，表示這是一個用來操作EV3機器人行走的專案。

　　2. dufault_location：專案的存放路徑及目錄，其預設目錄為workspace，當然也可以選擇其他自定的路徑。

　　(二) 新增類別

步驟一：在MyFirstLeJOS專案名稱上按「右鍵」／New／Class。

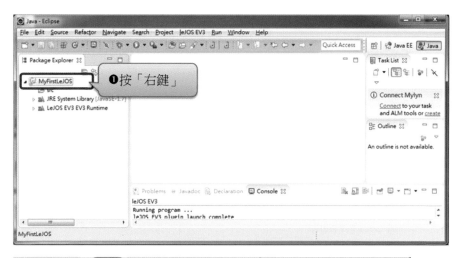

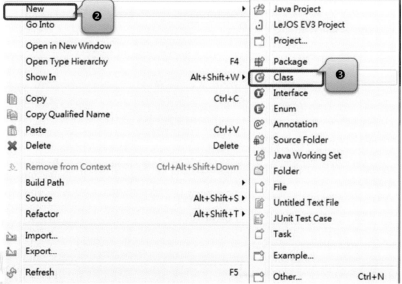

步驟二：輸入類別名稱（MyFirstLeJOS）。

【說明】

1. Name：指的就是程式的名稱。

2. public static void main（String[] args）：除了自動建立*.java 這個程式檔案外，也會在程式中自動加入 main 這個程式執行起點的 function。

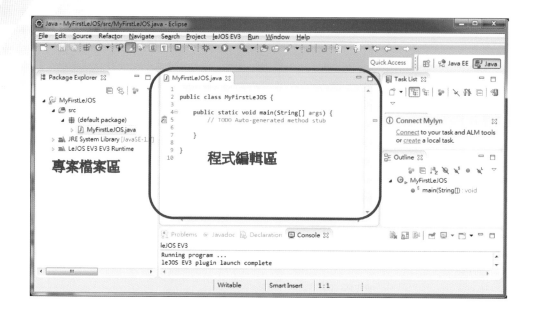

二、撰寫LeJOS程式

步驟一：「撰寫」程式碼（MyFirstLeJOS.java）
步驟二：「編譯」LeJOS原始程式碼 ⎫
步驟三：「下載」程式到EV3主機中 ⎬ 由「編譯器」自動完成
步驟四：「執行」EV3主機中的程式 ⎭

(一) 撰寫LeJOS程式碼

請在「程式編輯區」撰寫以下的程式碼：

【LeJOS程式】

行號	程式檔名：**MyFirstLeJOS**.java	名稱相同
01	import lejos.hardware.motor.*;	//載入hardware.motor的全部類別
02	import lejos.hardware.*;	//載入hardware的全部類別
03	import lejos.utility.*;	//載入utility類別
04	public class **MyFirstLeJOS** {	//「類別名稱」必須和「檔案名稱」相同
05	public static void main(String[] args) {	
06	//輸入訊息到螢幕上	
07	System.out.print("This is my first LeJOS!");	

08	//等待使用者按EV3主機上的按鈕，才能執行以下一動作
09	Button.*waitForAnyPress*();
10	//設定速度
11	Motor.B.setSpeed(720);
12	Motor.C.setSpeed(720);
13	//車子前進2秒
14	Motor.*B*.forward();
15	Motor.*C*.forward();
16	Delay.msDelay(2000);
17	//車子後退2秒
18	Motor.*B*.backward();
19	Motor.*C*.backward();
20	Delay.msDelay(2000);
21	}
22	}

【說明】

行號01：利用import關鍵字來引用Java的類別庫。其中星號「*」代表要引用 hardware.motor下的全部類別。

行號02：引用hardware下的全部類別。

行號03：引用utility下的全部類別。

行號04：宣告MyFirstLeJOS類別，其中public代表修飾符號，class代表類別關鍵 字，MyFirstLeJOS代表類別名稱。

行號05：利用main（）方法來撰寫特定功能的程式，它也是整個程式中，最先被 執行的方法，並且它也可以再自訂其他方法，亦即呼叫其他方法（俗稱 的副程式）。

行號07：利用System.out.print（）方法來顯示資料到螢幕上。

行號09：利用Button.*waitForAnyPress*（）方法來等待使用者在EV3主機上按下任 何按鍵，以便執行下一個動作。

行號11：利用Motor.B.setSpeed（720）方法來設定B馬達速度為720（度/秒）。

行號12：利用Motor.C.setSpeed（720）方法來設定C馬達速度為720（度/秒）。

行號14：利用Motor.B.forward（）方法來控制B馬達「前進」。

行號15：利用Motor.C.forward（）方法來控制C馬達「前進」。

行號16：利用Delay.msDelay（2000）方法來B與C馬達持續前進的時間，其中
　　　　2000代表2秒鐘。

行號18~20：利用backward（）方法來控制馬達「後退」，其餘同上。

【註】以上各種方法的詳細介紹，請參閱本書的相關章節內容。

(二) 按「執行」鈕

編譯器會自動完成以下三個程序：

1. 「編譯」LeJOS原始程式碼。

2. 「下載」程式到EV3主機中。

3. 「執行」EV3主機中的程式。

【方法】1.在「專案名稱」上按右鍵 / Run As / LeJOS EV3 Program。

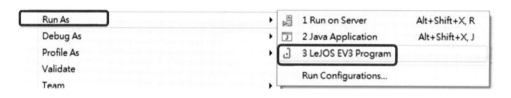

　　　　2.在Eclipse的工具列中按「 ▶ ▾ 」執行鈕。

3-5　LeJOS的螢幕輸出指令

　　　想要利用LeJOS來輸出資料時，必須要在print ()和println ()這兩種指令的前面加上「System.out. print () | println ()」，其中System.out. 就是所謂的系統標準輸出的指令。

　　　Java提供了print ()和println ()兩種方法，其使用上的差異如下：

一、print ( )：輸出後不換行

【語法】System.out.print（"欲顯示的數字或文字內容"）；

【範例】

```
public class print1
{
  public static void main(String[] args)
  {
    System.out.print("Welcome to learn ");
    System.out.print("Java!");
  }
}
```

【執行結果】

```
Welcome to learn Java!
```

二、println（）：輸出後自動換行

【語法】System.out.println（"欲顯示的數字或文字內容"）；

【範例】

```
public class print2
{
  public static void main(String[] args)
  {
    System.out.println("Welcome to learn ");
    System.out.println("Java!");
  }
}
```

【執行結果】

```
Welcome to learn
Java!
```

【範例】利用print ( ) 和println ( ) 兩種方法結合九九乘法表。

LeJOS程式	程式檔案名稱	ch3-7.java

```
01    import lejos.hardware.Button;
02    public class ch3_7 {
03         public static void main(String[] args) {
04               int i,j;
05           for(i=1;i<=3;i++)
06            {
07            for(j=1;j<=3;j++)
08             {
09             System.out.print(j +"*" + i + "=");    //輸出後不換行
10             System.out.print(i*j + " ");           //輸出後不換行
11             }
12            System.out.println();   //自動換行
13            }
14               Button.waitForAnyPress();
15          }
16    }
```

【說明】由於EV3主機螢幕大小的關係，無法顯示九九乘法表，因此在本範例以
　　　　三三乘法表為例。其餘巢狀迴圈的詳細介紹，請參閱後面的章節內容。

3-6　好程式需要滿足條件

基本上，一個好程式需要滿足的條件有以下三點：

1. 正確性。
2. 效率性。
3. 可維護性。

3-6-1 正確性（Correctness）

【定義】正確性是一個好程式最基本的要求。

【範例】設計一個判斷某一數值是否為「偶數」的程式。

> ❶ 輸入：一個正整數N。
>
> ❷ 處理：如果N除以2，其餘數為0，則N就是奇數。➜改為「偶數」
>
> ❸ 輸出：N為奇數。➜改為「偶數」

說明：上面的程式處理過程中，由於程式不正確，所以產生錯誤的結果。

3-6-2 效率性（Performance）

　　當我們撰寫一個可以正確執行的程式之後，接下來就是要考慮到程式的執行效率，也就是程式真正執行時所必須要花費的時間。

【定義】是指程式真正執行時所必須要花費的時間。

【一般評估執行時間的方法】

　　是依程式碼所被執行的「總次數」來計算，亦即所謂的「頻率次數」。當「頻率次數愈高」時，代表所需的「執行時間愈長」。

【範例】請計算下列程式中變數Count被執行的次數為何？

Ⅰ.單一敘述	Ⅱ.單層迴圈敘述	Ⅲ.雙層迴圈敘述

Count=Count+1;	for (i=1; i<= n; i++)
	　Count=Count+1;
		for (i=1; i <= n; i++)
		　for(j=1; j<=n; j++)
		　　Count=Count+1;

1次	n次	n^2次

【說明】 1.在上圖Ⅰ中，Count=Count+1;敘述被執行1次。

　　　　2.在上圖Ⅱ中，Count=Count+1;敘述被執行n次。

　　　　3.在上圖Ⅲ中，Count=Count+1;敘述被執行n^2次。

　　　　若n = 10時，則敘述Count=Count+1;之執行次數分別是：1, 10, 100之級數增加。

3-6-3 可維護性（Maintainable）

一個好的程式，除了要具有「正確性」及「效率性」之外，也必須要考慮程式的「可維護性」，也就是程式的可讀性及擴充性。

【定義】是指在撰寫完成一套程式之後，它可以很容易的讓自己或他人修改。

【三種技巧】

我們要如何讓程式具有可維護性呢？那就必須在撰寫程式時，使用以下三種技巧：

1. 縮排技巧。
2. 加入「註解」。
3. 有意義的「變數命名」。

一、縮排技巧

【定義】是指依照不同的程式區塊或功能來排版。

【目的】1.了解整個程式碼的邏輯性。

2.了解區塊群組的概念。

【優點】易於閱讀及除錯。

【比較「縮排」與「未縮排」的情況】

❶使用「縮排」技巧	❷未使用「縮排」技巧

外迴圈 內迴圈
``
int i, j;
for (i = 1; i <= 9; i++)
{
    for (j = 1 ; j <= 9; j++)
    {
    .//程序區塊
    }
}
``
	``
	int i, j;
	for (i = 1; i <= 9; i++)
	{
	for (j = 1; j <= 9; j++)
	{
	//程式區塊
	}
	}
	``

【說明】有縮排的程式碼，易於閱讀及除錯。

二、註解技巧

【定義】它是一種「非執行的敘述」,亦即是給人看的,電腦並不會去執行它。

【功能】用來說明某一段程式碼的作用與目的。

【註解的方式】與正規的C語言相同。

　　基本上,註解的方式有二種:

1. 雙斜線「//」的使用時機:可以寫在程式碼的後面或單獨一行註解。

> Motor.*B*.forward ( ) ; 　　　//B馬達「向前進」

2. 「/*……*/」的使用時機:註解的內容超過一行時。

> /*題目:機器人走迷宮
> 　　**1.**第一種方法:使用觸碰感測器
> 　　**2.**第二種方法:使用超音波感測器
> */

【說明】/*後面的文字內容被視為註解,一直到遇到 */為止。

【註】在程式中加入「註解」時,註解的文字會自動變成「斜體字」。

三、有意義的變數命名

【目的】提高程式的可讀性,以利爾後的除錯。

【方法】變數名稱的命名最好是具有意義並且與該程式有關係的。

【舉例】Move_Time(代表機器人走行時間)。

第四章
資料的運算

本章學習目標

1. 了解資料型態、變數及記憶體之間的關係。
2. 了解變數與常數之間的差異。

本章內容

第四章　資料的運算

4-1　資料型態

【引言】

　　我們都知道，在電腦中的主記憶體並不是無窮大，因此，如何有效的利用主記憶體呢？那就必須要學會各種資料型態及其在主記憶體中所占用的大小。

【定義】依照不同性質的資料，給予不同的記憶體空間。

【概念】小東西用小盒子裝，大東西用大箱子裝。

【目的】1.有效地利用主記憶體空間。

　　　　2.提高程式的可讀性。

　　在Java程式語言中的資料型態主要分為三大類：分別為**數值型態**、**字元型態**及**布林型態**，而每一類的資料型態都有它們的使用時機。因此，在撰寫程式的時候，如果能適時的宣告資料型態，將可以提高程式的可讀性，否則將可能產生一些錯誤，例如：溢位（Overflow）的產生。其常見的資料型態分類。如下圖所示：

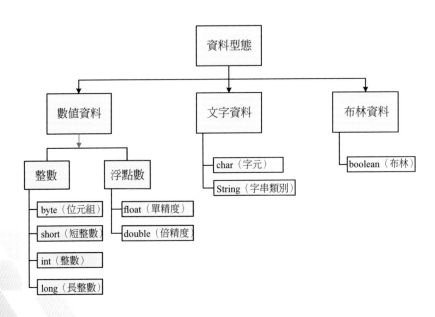

4-1-1　數字類資料型態

【定義】是指用來存放「數值資料」的空間。

【舉例】每一位學生的座號、成績……等都是數值資料。

【示意圖】

int（整數型態）	float（浮點數）
10	3.14

【數字類之資料型態】

資料型態	中文說明	所占用記憶體	資料表示的範圍
byte	位元組	1Byte	-2^7~2^7-1 (-128至127)
short	短整數	2Byte	-2^{15}~2^{15}-1 (-32,768至32,767)
int	整數	4Byte	-2^{31}~2^{31}-1 (-2,147,483,648至2,147,483,647)
long	長整數	8Byte	-2^{63}~2^{63}-1 (-9,223,372,036,854,775,808 至9,223,372,036,854,775,807)
float	浮點數	4Byte	1.5×10^{-45}至3.4×10^{37}
double	雙精準度	8Byte	5.0×10^{-324}至1.7×10^{308}

【範例】

　　計算10!的總和超過32,767的「短整數」表示範圍，所以改用int（「整數」型態）。

```
 1  import lejos.hardware.Button;
 2  public class ch4_1_1 {
 3☺     public static void main(String[] args) {
 4          // TODO Auto-generated method stub
 5          //宣告及設定初值
 6          int t;
 7          short total=1;  //(由short改為int)
 8          //處理
 9          for (t = 1; t <= 10; t++)
10            total = total * t;
11          //輸出
12          System.out.
13          Button.wait
14      }
15  }
16
```

┌──┐
│ Type mismatch: cannot convert from int to short   │
│ 2 quick fixes available: │
│   Add cast to 'short'   │
│   Change type of 'total' to 'int'   │
│   Press 'F2' for focus   │
└──┘

題目：解決產生溢位的結果	程式檔案名稱	ch4_1_1A.java

```
01  import lejos.hardware.Button;
02  public class ch4_1_1 {
03     public static void main (String[] args) {
04          // TODO Auto-generated method stub
05          //宣告及設定初值
06              int t;
07              int total=1;  //(由short改為int)
08              //處理
09              for (t = 1; t <= 10; t++)
10                total = total * t;
11              //輸出
12              System.out.println("10!=" + total);
13              Button.waitForAnyPress();
14          }
15     }
```

【說明】在本題中，行號07的total變數宣告為short（短整數）來計算10!的總
和，請問會產生什麼結果呢？

【解答】產生「溢位（Overflow）」

原因：10! = 3,628,800 > 32,767 （short的資料表示範圍）

解決方法：將**short**改為**int**即可。

4-1-2　文字類資料型態

【定義】是指用來存放「文字資料」的空間。

【例如】每一位學生的**學號**、**姓名**……等都是字串資料。

【示意圖】

int（整數型態）	string（字串型態）
10	"Leech"

【文字類之資料型態】

資料型態	中文說明	所占用記憶體	資料表示的範圍
char	字元	1Byte	−128至127
String	字串類別		視字串的長度來決定空間大小

【說明】**字串資料型態屬於String類別的物件**，我們也可以將它當作爲資料型態
　　　　來使用。

【注意】以**單引號**圍起來者爲「**字元**」。若是以**雙引號**圍起來就是「**字串**」。

【舉例】char c = 'A';　　　//代表字元

　　　　String s = "A";　　//代表字串

【範例】

　　　利用「字串」型態來處理學生的姓名，以及用「數值」型態來計算學生的學
業成績。

題目：計算平均成績	程式檔案名稱	ch4_1_2.java

```
01    import lejos.hardware.Button;
02    public class ch4_1_2 {
03        public static void main(String[] args) {
04            //宣告變數
05                String Stu_Name="LeechPhd";      //宣告「姓名」為字串資料
06                int Chi_Score, Eng_Score, Average;//宣告「國文與英文」
07                //輸入__指定成績
08                Chi_Score=60;
09                Eng_Score=70;
10                //處理__計算平均
11                Average = (Chi_Score + Eng_Score) / 2;
12                //輸出__結果
13                System.out.println(Stu_Name);
14                System.out.println();
15                System.out.println("Score=" + Average );
16                Button.waitForAnyPress();
17            }
18    }
```

【執行畫面】

EV3主機執行畫面	放大畫面

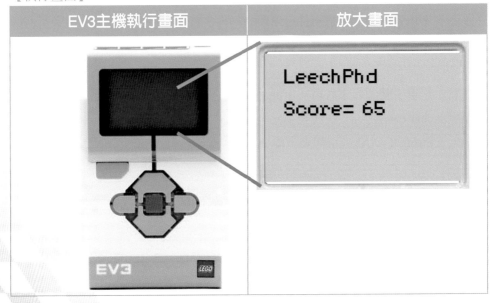

```
LeechPhd
Score= 65
```

文字類資料型態中，如果要表示一個字元資料，我們要使用單引號「'」將這個字元括起來，所以對於字母、數字、標點符號這些可顯示的字元，可以很方便地以單引號來使用它們，不過有些字元是非顯示的控制字元，例如Back-space、Enter……等，那麼要如何來表示？答案就是：「跳逸控制字元（escape sequence）」。下表列出了常用的跳逸控制字元，如下表所示：

【跳逸控制字元】

特殊控制符號	功能	例子	結果
"\n"	換行 （new line）	String str1 = "Visual"; String str2 = "Java"; System.*out*.println(str1+ "\n" + str2);	Visual Java
"\t"	跳格 （tab）	String str1 = "Visual"; String str2 = "Java"; System.*out*.println(str1+ "\t" + str2);	Visual　Java
"\r"	歸位 （carriage return）	String str1 = "NXT"; String str2 = "Java"; System.*out*.println(str1+ "\r" + str2);	Java
"\\"	反斜線	String str1 = "C:"; String str2 = "Data"; System.*out*.println(str1+ "\\" + str2);	C:\Data
"\'"	單引號 （single quote）	String str1 = "I"; String str2 = "m a Ph.D."; System.*out*.println(str1+ "\'" + str2);	I'm a Ph.D.
\ ""	雙引號 （double quote）	String str1 = "I\'m a"; String str2 = "Ph.D.\""; System.*out*.println(str1+ "\"" + str2);	I'm a "Ph.D. "

4-1-3　布林資料型態

　　除了數值資料類與文字資料類之資料型態之外，常見的資料型態還有布林資料，其詳細內容如下表所示。

【其他類之資料型態】

資料型態	中文說明	所占用記憶體	資料表示的範圍
boolean	布林	2Byte	true（眞；成立）或false（假；不成立）

【說明】

布林資料（Boolean）通常是用來表示「條件式」的眞假，當條件式成立時布林資料就會變成true（眞），不成立時布林資料就會變成false（假）。

【適用時機】

1. 選擇結構中的「條件式」。
2. 重複結構中「迴圈」之條件式。

4-2　變數（Variable）

　　程式語言在資料處理時，通常把資料分成兩類：**變數（Variable）**和**常數**（**Constant**）。變數是指程式在執行的過程中，可以改變其值，而常數則一直保持不變；例如A=B+1中1即是常數，而A、B則是變數，也就是記憶體儲存1的位址其內容固定無法改變，而儲存A和B位址之內容是可以改變的。

　　在Java語言中，使用變數時必須要事先宣告，並且要設定初值，否則會產生錯誤訊息。

【定義】是指程式在執行的過程中，其「內容」會隨著程式的執行而改變。

【概念】

1. 將「變數」想像成一個「容器」，是專門用來「儲放資料」的地方。
2. 「容器的大小」是由宣告時的「資料型態」來決定。

【示意圖】

【舉例】

A = B + 1;

其中A、B是變數，其內容是可以改變的。

【圖解說明】

執行的過程	變數的內容變化
A = 0 ; B = 1; A = B + 1;	A 0→2 B 1

【範例1】int A,B,C;

代表告訴電腦要從主記憶體中，配置三個位置分別為A、B、C，並且

這三個位置只能存放整數型態的資料。如下圖所示：

主記憶體	
A	
B	
C	

【範例2】指定運算子的使用。

執行的過程		主記憶體內容
A = 10;	A	10
B = 20;	B	20
C = A+ B;	C	30

4-2-1 宣告變數

變數宣告的目的就是用來向系統要求變數在輸入、處理及儲存資料時所需要的空間，亦即變數在宣告之後系統會自動配置適當的記憶體空間，來存放該型態的資料。在Java中每一個變數在使用之前一定要加以宣告，否則會產生「編譯錯誤」，如下所示：

```
public class test
{
 public static void main（String[] args）
 {
  int myvar;   //宣告
  myint=10;   //產生錯誤，因為沒有宣告
  myvar=10;   //不會產生錯誤，因為有宣告
 }
}
```

【目的】

1. 向系統要求配置適當的主記憶體空間。

2. 減少邏輯上的錯誤。

【語法】 資料型態　變數名稱1[= 初值], 變數名稱2[= 初值],…;

【說明】一次可宣告一個或多個變數，但是宣告多個變數時，變數與變數之間要
　　　　用「逗點」隔開。

【舉例】

　　int R;　　　　//宣告R變數為整數型態

　　float A;　　　//宣告A變數為浮點數型態

　　int A,B,C;　　//宣告A,B,C三個變數為整數型態

4-2-2　初值設定

【定義】是指在宣告變數的同時，指定資料給變數。

【示意圖】

變數
（容器）　　初值

【指定方式】

　　只要在變數的後面加上一個等號「=」與一個常數，便完成了該變數的初值
設定。

【作法】

第一種撰寫方法：先宣告之後，再指定初值。

01	int R;　　//將變數R宣告為整數型態
	float PI;　//將變數PI宣告為浮點數型態
02	R=5　　　//指定5給R
	PI =3.14　//指定3.14給PI

第二種撰寫方法：宣告的同時指定初值。

| 01 | int R=5;　　　//將變數R宣告為整數型態，並且指定5給R |
| 02 | float PI=3.14; //將變數PI宣告為浮點數型態，並且指定3.14給PI |

【示意圖】

變數R　5　　　　　變數PI　3.14

【範例】計算圓周長。

計算圓周長	程式檔案名稱	ch4_2_2.java

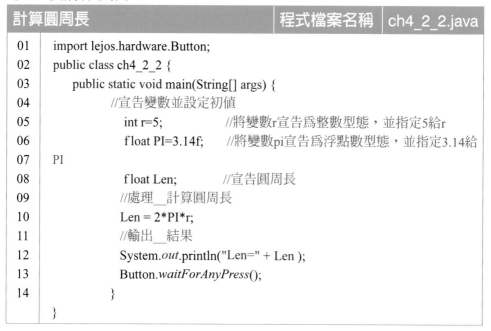

```
01    import lejos.hardware.Button;
02    public class ch4_2_2 {
03        public static void main(String[] args) {
04            //宣告變數並設定初值
05                int r=5;              //將變數r宣告為整數型態，並指定5給r
06                float PI=3.14f;       //將變數pi宣告為浮點數型態，並指定3.14給
07    PI
08                float Len;            //宣告圓周長
09                //處理__計算圓周長
10                Len = 2*PI*r;
11                //輸出__結果
12                System.out.println("Len=" + Len );
13                Button.waitForAnyPress();
14            }
        }
```

4-2-3　敘述（Statement）

【定義】命令電腦做事情的一連串指令。

【注意】每一行敘述都必須要以分號「；」作為結束。

一般而言，敘述可分為兩種：一種為單一敘述，另一種為複合敘述。

一、單一敘述

計算圓周長	程式檔案名稱	ch4_2_3A.java

```
01   import lejos.hardware.Button;
02   public class ch4_2_3A {
03       public static void main(String[] args) {
04           int Score=50;
05               if (Score <= 60)
06                   System.out.println("You No Pass!");
07               Button.waitForAnyPress();
08               }
09   }
```

二、複合敘述

計算圓周長	程式檔案名稱	ch4_2_3B.java

```
01   import lejos.hardware.Button;
02   public class ch4_2_3B {
03       public static void main(String[] args) {
04           int Score=50;
05             if (Score <= 60)
06             {
07               System.out.println("You No Pass!");
08               System.out.println("You have to work harder!");
09             }
10             Button.waitForAnyPress();
11             }
12   }
```

注意：複合敘述必須要使用左右兩個大括號框住「複合敘述」的程式碼。

4-2-4　變數的命名規則

　　Java變數的命名規則，在編寫程式時必須遵守，其規則如下：

1. 變數名稱不能以數字作為開頭，並且不可以有特殊符號，如：! , @ , # , $

,% , * ……，可見下表所示。

2. 變數名稱不可以與Java的保留字相同見註1。

3. 變數名稱在同一個有效區域範圍內不可以重複。

4. 變數名稱必須要以英文字（A~Z大小寫均可）做開頭，但大小寫將視為不同。

5. 變數名稱可以是中文字，但筆者建議勿使用。（有時會產生亂碼哦，請特別小心！）

【宣告變數的限制】

變數名稱	判斷合法與不合法	原因
M2	合法	正確（英文字母開頭）
3M	不合法	開頭必需要是英文字母
A*5	不合法	不可以有特殊符號
println	不合法	println是保留字

【註】：保留字（**Reserved Word**）是指Java系統已經定義的屬性（Property）、事件（Event）、方法（Method）、運算子（Operator）和函數（Function）等所使用的由字元組合而成的文字或運算符號。例如：for, loop, if…等。

4-2-5　一個好程式命名變數的方法

1. 在Java中變數名稱中的英文字母是有分大小寫的。

例如：TOTAL、Total及total三者被視為三種不同的變數名稱。

2. 在Java中變數名稱的**命名最好具有意義**，並且是與該程式有關係的，唯有如此，才能提高程式的可讀性，以利爾後的除錯。

例如：Stu_Name（代表學生姓名），Stu_No（代表學生學號）。

3. 如果想不出變數名稱的英文字母時，最好在命名時適時的在變數之後加以**註解**。例如：int Start_X; //宣告X的開始座標

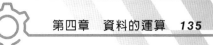

4-3　常數（Constant）

【定義】在程式中**重複出現**其值也**不會被改變**的，我們稱爲「常數」。

【範例】計算圓面積A = PI * R²，其中PI就是「圓周率」3.14。

【方法】利用「具有意義的名稱」來取代這些「不會被改變的數字或字串」。

【常數的優點】

　　1. 減少程式錯誤的機會。

　　2. 讓程式更易於閱讀。

　　3. 使程式較容易修正。

【種類】數字常數與字串常數。

【示意圖】

數字常數	字串常數
PI = 3.14	MyName = "李安"

4-3-1　數字常數

【定義】在程式中重複出現，其「數值」不會被改變。

【語法】 | **final** 資料型態　常數名稱 = 常數值 + 資料型態代號; |

【注意】它的宣告方式與變數相同，只是在前面加入「final」關鍵字。

【說明】常見的數值常數有長整數與浮點數，其代號對照表如下：

資料型態代號	資料型態的功能
l或L	長整數
f或F	浮點數

【舉例】final double PI = 3.14f;　//定義一個常數PI爲3.14

【範例】撰寫計算圓的周長與面積的程式。

【公式】

　　圓周長 = 2πR = 2*3.14*R

　　圓面積 = πR² = 3.14* R²

LeJOS程式	程式檔案名稱	ch4_3_1.java

```
01   import lejos.hardware.Button;
02   public class ch4_3_1 {
03       public static void main(String[] args) {
04           double R, A, L;
05           final float  PI=3.14f;          //宣告「圓周率」為3.14的常數
06           R = 3;                          //初值設定
07           A = PI * (Math.pow(R,2));       //計算圓面積
08           L = 2 * PI * R;                 //計算圓周長
09           System.out.println("Area=" + A);
10           System.out.println("Len=" + L);
11           Button.waitForAnyPress();
12       }
13   }
```

【說明】利用宣告常數的方法之後，只須要在最前面宣告PI為常數即可，如此可以減少程式的錯誤。

4-3-2　字串常數

【定義】在程式中重複出現，其「字串」不會被改變。

【作法】字串常數前後必須使用雙引號「"」括起來。

1. 字元常數

在Java中，字元常數前後必須使用單引號「'」括起來。

【例如】final char ch = '1';

2. 字串常數

在Java中，字串常數前後必須使用雙引號「"」括起來。

【舉例】final String MyName = "李大同";

final String MyID = "A123456789";

4-4 資料型態轉換

在我們撰寫程式時，常常發現輸入的資料，在經過處理之後卻產生與預期的輸出結果有誤差，例如：輸入兩個成績（59與60分），在計算平均之後，卻輸出60分，而不是59.5分。因此，要解決此問題就必須要透過「資料型態轉換」的機制來完成。基本上，資料型態轉換可分為兩種：

一、**隱含轉換**（Implicit Conversion）：小轉大。

二、**強制轉換**（Explicit Conversion）：大轉小。

4-4-1 隱含轉換（Implicit Conversion）

【定義】

　　隱含轉換又稱為「自動轉換」，由於此種轉換方式是由系統自動處理，所以不會出現錯誤訊息。

【目的】將表示「低範圍資料」轉換成表示「高範圍資料」。

【範例】59 + 60.5

第一個數值	運算子	第二個數值	結果
60.5	+	50	110.5

高範圍資料
（float浮點數）

低範圍資料
（int整數）

【說明】在上面的兩個數值進行運算時，第二個數值50為低範圍資料（int），它會自動轉換成高範圍資料（float），之後再進行「加法運算」，其結果為高範圍資料（float）的110.5。

【優點】**小轉大時，原始資料不會發生「失真」現象。**

【牛刀小試1】請回答下列程式碼之c的結果？

```
01    public static void main(String[] args)
02    {    //宣告
03            int a=10,b=3;
04            double c;
05            //處理
```

06	c = a/b; //沒有強制轉換
07	//輸出
08	System.*out*.println("c=" + c);
09	}

【解答】c = 3.0，因為a/b之後，先轉成int（結果為3），再將結果指定給c。

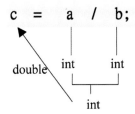

【牛刀小試2】請回答下列程式碼之c的結果？

01	public static void main(String[] args)
02	{ //宣告
03	int i = 60, j = 61;
04	float c;
05	//處理
06	c = (i + j) / 2; //沒有強制轉換
07	//輸出
08	System.*out*.println("c=" + c);
09	}

【解答】c=60.0

【範例】自動轉換（小轉大）。

LeJOS程式	程式檔案名稱	ch4_4_1.java
01	import lejos.hardware.Button;	
02	public class ch4_4_1 {	
03	public static void main(String[] args) {	
04	//宣告	
05	float score1 = 60.5f;	
06	int score2=50;	
07	float result;	
08	//處理	

09	result = score1+score2;
10	//輸出
11	System.*out*.println("result=" + result);
12	Button.*waitForAnyPress*();
13	}
14	}

4-4-2　強制轉換（Explicit Conversion）

【定義】

　　「強制轉換」顧名思義就是**強制不同資料型態的轉換**（例如float轉成int），雖然int與float所占用記憶體相同，但也必須要透過強制轉換。

【目的】將表示「高範圍資料」轉換成表示「低範圍資料」。

【使用方法】指定轉換。

【格式】（資料型態）欲轉換資料

【舉例】（int）60.5;　　　//結果爲60

【範例】59 + 60.5。

第一個數值	運算子	第二個數值	結果
60.5	+	50	110

高範圍資料
（float浮點數）　　　　　低範圍資料
（int整數）

【說明】在上面的兩個數值進行運算時，第一個數值60.5爲高範圍資料
　　　　（float），強制轉換成低範圍資料（int）之後，再進行「加法運算」，
　　　　其結果爲低範圍資料（int）的110。

【缺點】大轉小或不同型態轉換時，原始資料可能會有「失眞」現象。

【牛刀小試1】請回答下列程式碼之c的結果？

```
01    public static void main(String[] args)
02      { //宣告
03        int a=10,b=3;
04        double c;
05        //處理
06        c = (double)a / (double)b;   //強制轉換
07        //輸出
08        System.out.println("c=" + c);
09      }
```

【解答】c = 3.33333333333333，因為a/b之後，先轉成double，再將結果指定給c。

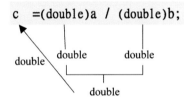

【牛刀小試2】請回答下列程式碼之c的結果？

```
01    public static void main(String[] args)
02          {//宣告
03            int i = 60, j = 61;
04            float c;
05          //處理
06            c = (float)(i + j) / 2;  //強制轉換
07          //輸出
08            System.out.println("c=" + c);
09    }
```

【解答】c = 60.5。

【注意】欲指定轉換的資料型態（float）必須要與目標變數（c）的相同，否則
會產生錯誤。

【範例】強制轉換（大轉小）。

LeJOS程式	程式檔案名稱	ch4_4_2.java

```
01    import lejos.hardware.Button;
02    public class ch4_4_2 {
03        public static void main(String[] args) {
04        //宣告
05          float score1 = 60.5f;
06          int score2=50;
07          int result;
08        //處理
09          result =(int) score1+score2;
10        //輸出
11        System.out.println("result=" + result);
12                Button.waitForAnyPress();
13                }
14    }
```

4-5 資料的運算

　　當我們想利用EV3主機來進行「資料運算」時，首先必須要先將「資料（Data）」存放到主記憶體，再由EV3主機中的「中央處理單元（CPU）」來進行處理，其中「處理」程序通常是藉由運算式（Expression）來完成。

【示意圖】

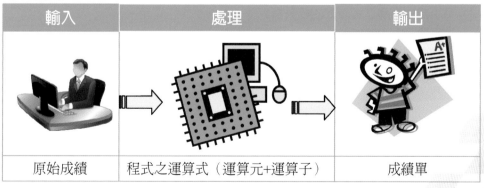

輸入	處理	輸出
原始成績	程式之運算式（運算元+運算子）	成績單

【運算式的組成】運算元（Operand）與運算子（Operator）。

【舉例】

　　A = B + 1，其中「A、B、1」稱爲運算元，「=、+」則稱爲運算子。

【範例】求圓的周長與面積。

| A = PI * (Math.pow(R, 2)); //計算圓面積 | 運算式=運算元+運算子+運算元 |
| L = 2 * PI * R; //計算圓周長 | |

【運算子的分類】

　　一般而言，「運算元」不是變數就是常數，而運算子則可分爲六種：

1. 指定運算子（例如：=）
2. 算術運算子（例如：+、-、*、/……）。
3. 關係運算子（又稱爲比較運算子）（例如：>、<、=……）。
4. 邏輯運算子（例如：&、|、!……）。
5. 複合指定運算式（例如：+=、*=、…）。
6. 字串連結運算子（使用+）。

4-5-1　指定運算子

【初學者的疑問】

　　在撰寫程式遇到數學上的等號「=」時，都會有一些疑問，那就是何時才是眞正的「等號」？何時才能當作「指定運算子」來使用？基本上，在LeJOS中的等號「=」都是當作「指定運算子」來使用，如果在「關係運算子」中，比較兩數是否相同時，則使用雙等號「==」。

【定義】將「右邊」運算式的結果指定給「左邊」的運算元。

【方法】從「=」指定運算子的右邊開始看。

【舉例】Sum = 0;

運算元	指定運算子	運算式的結果
Sum	=	0;

【示意圖】

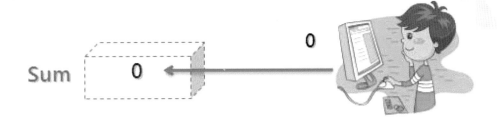

【範例】將變數A與B的值相加以後，指定給Sum變數，其程式如下：

10	Sum = 0;
20	A = 1;
30	B = 2;
40	Sum = A + B;

如果初學者以「數學上的觀點」來看，一定會覺得Sum變數的值不是為0嗎？但是，依照「程式設計的觀點」其結果為3。

【注意】指定運算子「左邊的運算元」，不可以是常數或二個及二個以上變數。

【牛刀小試】請判斷下列四行程式是否正確？如果有誤，請說明其原因。

10	Sum = 0;
20	A = 1;
30	2 = B;
40	A + B = Sum;

【解答】

　　行號30是錯誤的。原因：「=」的左邊不能有常數。

　　行號40是錯誤的。原因：「=」的左邊不能是運算式或兩個變數。

4-5-2　算術運算子

　　在數學上有四則運算，而在程式語言中也不例外。

【目的】是指用來處理使用者輸入的「數值資料」。

【優先順序】

優先順序	運算子	功能	例子	執行結果（設a=10,b=3）
1	++ （遞增） -- （遞減）	a的值加1 a的值減1	a++ a--	a= a +1 a = a -1
2	*（乘法）	a與b兩數相乘	a*b	30
2	/（除法）	a與b兩數相除	a/b	3.33333333….
2	%（取餘數）	a與b兩數相除後，取餘數	a％b	1
3	+（加法）	a與b兩數相加	a+b	13
3	-（減法）	a與b兩數相減	a-b	7

【說明】1.程式語言中的乘法是以星號「*」代替，數學中則以「×」代替。

2.遞增（++）與遞減（--）可分為兩種運算方式：

(1) **前置運算子**：是指運算子在變數之前，例如：++i。表示++或--是先加1或減1之後，再指定給其他變數。

例子	執行結果
A = 10; B = ++A;	A = 11 B = 11 原因：A的值先加1之後，再指定給B
A = 10; B = --A;	A=9 B=9 原因：A的值先減1之後，再指定給B

(2) **後置運算子**：是指運算子在變數之後，例如：i++。表示++或--是先指定給其他變數之後，再加1或減1之後。

例子	執行結果
A=10; B=A++;	A=11 B=10 原因：A的值先指定給B之後，A的值再加1
A=10; B=A--;	A=9 B=10 原因：A的值先指定給B之後，A的值再減1

【說明】%（取餘數），代表a除以b之後取餘數，因此，a與b都必須要為整數，此功能相當於VB的Mod。

【牛刀小試1】請計算出下列程式中a、b變數的最後執行結果？

```
01    public static void main(String[] args)
02      {
03       int i=10;
04       int a, b;
05       a = i++; //後置遞增
06       b = i--;   //後置遞減
07      }
```

【解答】1. a=10（原因：i的值先指定給a之後，再加1）。

　　　　2. b=11（原因：在行號05執行後，i的值為11，再執行行號06時，先將i的值先指定給b之後再減1）。

【牛刀小試2】請計算出下列程式中a、b變數的最後執行結果？

```
01    public static void main(String[] args)
02      {
03       int i=10;
04       int a, b;
05       a = i++;  //後置遞增
06       b = ++i; //前置遞增
07      }
```

【分析】遞增運算子（++）與遞減運算子（--）放在變數之前，表示要優先處理。如果放在變數之後，則其他運算子處理後再執行。

【解答】1. a = 10（原因：i的值先指定給a之後，再加1）。

2.b=12（原因：在行號05執行後，i的值為11，再執行行號06時，因為「++」在i之前，所以先將i的值先加上1（i = 12），再指定給b）。

【範例】判斷數字「10」為偶數（Even number）或奇數（Odd number）。

LeJOS程式	程式檔案名稱	ch4_5_2.java

```
01   import lejos.hardware.Button;
02   public class ch4_5_2 {
03       public static void main(String[] args) {
04        //宣告
05          int a=10;
06          String result;
07        //處理
08        if((a%2)==0)
09              result="Even number";
10        else
11              result="Odd number";
12        //輸出
13        System.out.println("result=" + result);
14         Button.waitForAnyPress();
15             }
16   }
```

4-5-3 關係運算子

【定義】是指一種比較大小的運算式，因此又稱「比較運算式」。

【使用時機】「選擇結構」中的「條件式」。

【目的】用來判斷「條件式」是否成立。

【語法】if（條件式）敘述;

【種類】設A = 5，B = 15。

運算子	功能	條件式	執行結果
== （等於）	判斷A與B是否相等	A= =B	False
!= （不等於）	判斷A是否不等於B	A!=B	True
< （小於）	判斷A是否小於B	A<B	True

<= （小於等於）	判斷A是否小於等於B	A<=B	True
> （大於）	判斷A是否大於B	A>B	False
>= （大於等於）	判斷A是否大於等於B	A>=B	False

【注意】關係運算子的優先順序都相同。

【範例】取絕對值。

LeJOS程式	程式檔案名稱	ch4_5_3.java

```
01   import lejos.hardware.Button;
02   public class ch4_5_3 {
03       public static void main(String[] args) {
04         //宣告
05           int a=-100;
06         //處理
07           if(a<0)
08           {
09               a=(-1)*a;
10           }
11         //輸出
12           System.out.println("|-100|=" + a);
13               Button.waitForAnyPress();
14           }
15   }
```

4-5-4 邏輯運算子

由數學家布林（Boolean）所發展出來的，包括：NOT（反）、AND（且）、OR（或）、XOR（互斥或）…等。

【定義】它是一種比較複雜的運算式，又稱為布林運算。

【適用時機】在「選擇結構」中，「條件式」有兩個（含）以上的條件時。

【圖解說明】判斷兩科成績是否同時及格

邏輯運算子
if（Chi_Score>=60 && Eng_Score>=60）
比較運算子

【目的】結合「邏輯運算子」與「比較運算子」，以加強程式的功能。

【邏輯運算結果】✓（成立），✗（不成立）

A	B	A And B	A Or B	Not A
✓	✓	✓	✓	✗
✓	✗	✗	✓	✗
✗	✓	✗	✓	✓
✗	✗	✗	✗	✓

【說明】

1. AND（且）：兩個輸入值都為「眞」，輸出結果才為「眞」，否則為「假」。

2. OR（或）：兩個輸入值只要有一個為「眞」，輸出結果就為「眞」，否則為「假」。

3. NOT（反向）：此為「反向」運算，它只有一個輸入。如果輸入為「眞」，則輸出為「假」；如果輸入為「假」，則輸出為「眞」。

【種類】

運算子	意義	示意圖	範例	結果
!	邏輯運算NOT		!True	False
&&	邏輯運算AND		(1>2)&&(1==2)	False
||	邏輯運算OR		(2>1)||(1==2)	True

【注意】如果同一運算式內含有多種不同類型的運算子，則其優先順序為：算術
　　　　＞比較＞邏輯運算子。

【範例1】判斷兩科成績是否「同時」及格。

LEJOS程式	程式檔案名稱	ch4_5_4A.java

```
01    import lejos.hardware.Button;
02     public class ch4_5_4A {
03        public static void main(String[] args) {
04              //宣告
05              int Chi_Score=50;
06              int Eng_Score=70;
07              String output="";
08              //處理
09              if (Chi_Score>=60 && Eng_Score>=60)
10                output="All Pass!";
11              else
12                output="Not All Pass!";
13              //輸出
14                System.out.println(output);
15                Button.waitForAnyPress();
16              }
17     }
```

【範例2】判斷兩科成績是否有「任一科」及格。

LEJOS程式	程式檔案名稱	ch4_5_4B.java

```
01    import lejos.hardware.Button;
02     public class ch4_5_4B {
03        public static void main(String[] args) {
04              //宣告
05              int Chi_Score=50;
06              int Eng_Score=70;
07              String output="";
08              //處理
```

```
09              if (Chi_Score>=60 || Eng_Score>=60)
10                output="All Pass!";
11              else
12                output="Not All Pass!";
13            //輸出
14              System.out.println(output);
15              Button.waitForAnyPress();
16              }
17    }
```

4-5-5　複合指定運算式

　　Java語言的主要特性之一就是程式比較簡化，因此，像a=a+1的運算式中，a變數名稱重覆出現2次，我們可以簡化為a+=1，這對學過C語言的讀者而言，一定會覺得非常熟悉。雖然這種表示方式乍看之下似乎很詭異，但是相信讀者用久了就會很習慣並且再也懶得使用舊有的語法。

【目的】

1. 敘述更加簡化。
2. 提高執行效率。

【複合指定運算式的種類】

運算子	功能	簡化的表示法	相當於	執行結果設I的初值為3
+=	相加後再指定給變數	I+=2	I=I+2	I=5
-=	相減後再指定給變數	I-=2	I=I-2	I=1
*=	相乘後再指定給變數	I*=2	I=I*2	I=6
/=	相除後再指定給變數	I/=2	I=I/2	I=1.5
%=	取餘數後再指定給變數	I%=2	I=I%2	I=1

【牛刀小試1】假設int i =20; j = 10;請回答下列的問題：（基本題）

---

❶i + = 2;

❷i- = j;

❸i* = j

❹i / = j;

❺i% = j

【解答】

❶i+=2;　→i=i+2=22

❷i-=j;　→i=i-j=10

❸i*=j　→i=i*j=200

❹i/=j;　→i=i/j=2

❺i%=j　→i=i%j=0

【牛刀小試2】假設int i=10;j=20;k=30;請回答下列的問題：（進階題）

---

❶i+=j+k;

❷i*=j+2;

❸i=++k*2;

【解答】

❶i+=j+k;　→i=i+(j+k)=10+(20+30)=60

❷i*=j+2;　→i=i*(j+2)=10*(20+2)=220

❸i=++k*2;　→i=(k+1)*2=(30+1)*2=62

4-5-6　字串連結運算子

在我們撰寫程式時，往往在輸出時，都必須要透過「字串連結運算子」才能顯示出所需的資訊。在Java程式語言中，字串連結運算子是「+」加號符號。

運算子	功能	例子	執行結果
+	A字串與B字串相連結	"100" + "B"	100B

【說明】

　　「+」運算子左右兩邊的運算元必須要是相同的資料型態，否則在執行時會產生錯誤。其使用的情況只有兩種：「運算元都是數值」及「運算元都是字串」。

【範例1】「運算元都是數值」→「+」代表加法運算

LeJOS程式	程式檔案名稱	ch4_5_6A.java

```
01    import lejos.hardware.Button;
02    public class ch4_5_6A {
03        public static void main(String[] args) {
04            //宣告
05            int A=3;
06            int B=5;
07            int C;
08            //處理
09            C=A+B;
10            //輸出
11            System.out.println(C);
12            Button.waitForAnyPress();
13        }
14    }
```

【執行結果】8。

【範例2】「運算元都是字串」→「+」代表字串連結符號

LeJOS程式	程式檔案名稱	ch4_5_6B.java

```
01    import lejos.hardware.Button;
02    public class ch4_5_6B {
03        public static void main(String[] args) {
04            //宣告
05            String A="3";
06            String B="5";
07            String C;
08            //處理
09            C=A+B;
```

10	//輸出
11	System.*out*.println(C);
12	Button.*waitForAnyPress*();
13	}
14	}

【執行結果】35。

4-6 變數的生命週期

在這宇宙中,任何有生命的事物,都有一定的生命週期,如人類的生命週期就是出生、成長、成熟、老化及死亡等五個階段,而「程式中的變數」也不例外。

【示意圖】

出生	成長	成熟	老化	死亡
It's a BOY				

【定義】程式執行過程中,變數存活的時間。

【種類】區域性變數與全域性變數。

【圖解說明】

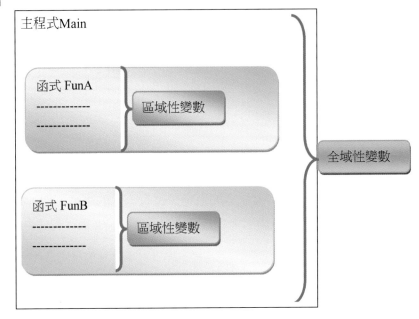

4-6-1 區域性變數（Local Variable）

【定義】凡是宣告在「函式或副程式之內部」的變數。

【有效範圍】函式或副程式之內部。

【生命週期】隨著函式或副程式結束而被釋放。

【圖解說明】

LeJOS程式	程式檔案名稱	ch4_6_1.java
01 import lejos.hardware.Button;		
02 public class ch4_6_1 {		
03 public static void main(String[] args)		
04 { //區域性變數		
05 int A;		
06 A = 50000;		
07 MySub(); //呼叫副程式		
08 }		

函式

09	//定義MySub()副程式
10	static void MySub()
11	{ //區域性變數
12	int A=0;
13	System.*out*.println(A);
14	Button.*waitForAnyPress*();
15	}
16	}

副程式

【說明】答案為0。因為在「函式」中的A變數是屬於區域性變數（Local Variable），其生命週期只有目前函式。所以，當呼叫副程式時，則原先「函式」中A變數的生命週期就會被釋放了。因此，在執行「副程式」時，所使用的A變數的生命週期就是目前「副程式」的。

【特性】

1. 變數生命週期最短。
2. 當該「函式或副程式」結束之後，其變數的生命週期馬上結束。
3. 在同一個「函式或副程式」內，不可宣告同名的區域性變數。
4. 在不同「函式或副程式」中，其常數及變數的名稱是可以重複宣告。

4-6-2　全域性變數（Global Variable）

【定義】凡是宣告在「函式或副程式的外部」的變數。

【有效範圍】應用程式中的所有函式或副程式。

【生命週期】隨著應用程式結束而被釋放。

【圖解說明】

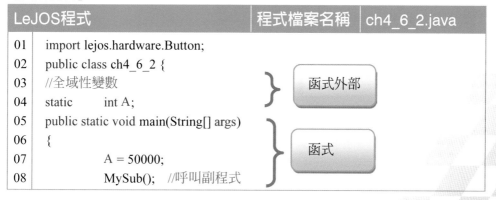

LeJOS程式		程式檔案名稱	ch4_6_2.java
01	import lejos.hardware.Button;		
02	public class ch4_6_2 {		
03	//全域性變數		
04	static　　int A;		
05	public static void main(String[] args)		
06	{		
07	A = 50000;		
08	MySub(); //呼叫副程式		

函式外部

函式

```
09   }
10   //定義MySub()副程式
11   static void MySub()
12   { //區域性變數
13           System.out.println(A);
14           Button.waitForAnyPress();
15   }
16   }
```

副程式

【說明】行號04的A變數是屬於「全域性變數」，有效範圍為目前類別。

【特性】

1. 變數生命週期最長。

2. 當該「應用程式」結束，其變數的生命週期才會結束。

3. 不可宣告同名的全域變數。

4. 在宣告之後，「函式或副程式」都可以存取。

第五章　流程控制

本章學習目標

1. 了解設計樂高機器人程式中的三種流程控制結構。
2. 了解迴圈結構及分岔結構的使用時機及運用方式。

本章內容

第五章　流程控制

5-1　流程控制的三種結構

　　當我們在撰寫LeJOS程式時，往往會依照題目的需求，必須要撰寫一連串的指令區塊；並且當某一事件發生時，它會根據「不同情況」來選擇不同的執行動作，而且要反覆的檢查環境變化。因此，我們想要完成以上的程序，就必須要學會程式流程控制的三種結構。

【流程控制的三種結構】

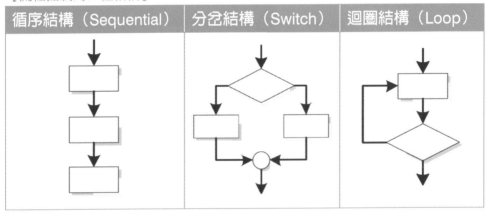

循序結構（Sequential）	分岔結構（Switch）	迴圈結構（Loop）

【說明】

1. **循序結構（Sequential）**：是指程式由左至右，逐一執行。

【範例1】讓機器人前進2圈，再後退2圈。

【LeJOS程式】

行號	程式檔名：ch5_1A.java
01	import lejos.hardware.motor.*;
02	public class ch5_1A {
03	public static void main(String[] args) {
04	Motor.B.rotate(720,true);
05	Motor.C.rotate(720,false);
06	Motor.B.rotate(-720,true);
07	Motor.C.rotate(-720,false);
08	}
09	}

【說明】

行號04：B馬達轉動「向前進」轉2圈。

行號05：C馬達轉動「向前進」轉2圈。

行號06：B馬達轉動「向後退」轉2圈。

行號07：C馬達轉動「向後退」轉2圈。

【rotate()指令使用方法】

rotate（指定旋轉角度，是否立即傳回）

(1) 指定旋轉角度（angle）：

❶當「正值」代表「順時鐘轉動」，亦即代表「向前進」。

❷當「負值」代表「逆時鐘轉動」，亦即代表「向後退」。

❸設定馬達旋轉角度（angle），1圈 = 360度。

(2) 是否立即傳回（immediateReturn），**預設值為false**：

❶當「false」代表「需要」等待上一個指令執行完畢之後，才能執行下一個指令。如下程式，則B馬達轉動兩圈之後，C馬達才能被轉動。

```
Motor.B.rotate(720,false);
Motor.C.rotate(720,false);
```

❷當「true」代表「不需要」等待上一個指令執行完畢之後，才能執行下一個指令。如上行號04~05程式，可以同時被執行。亦即B、C兩個馬達可以同時轉動。

```
Motor.B.rotate(720,true);
Motor.C.rotate(720,false);
```

2. 分岔結構（**Switch**）：是指根據「條件式」來選擇不同的執行路徑。

【範例2】當觸碰感應器被壓下時，機器人「前進」，否則機器人「停止」。

【LeJOS程式】

行號	程式檔名：ch5_1B.java
01	import lejos.hardware.motor.*;
02	import lejos.hardware.ev3.LocalEV3;
03	import lejos.hardware.port.Port;
04	import lejos.hardware.sensor.EV3TouchSensor;
05	import lejos.hardware.sensor.SensorModes;
06	import lejos.robotics.SampleProvider;
07	
08	public class ch5_1B {
09	public static void main(String[] args) {
10	Port port = LocalEV3.get().getPort("S1");
11	SensorModes sensor=new EV3TouchSensor(port);
12	SampleProvider touch= sensor.getMode("Touch");
13	float[] sample = new float[touch.sampleSize()];
14	touch.fetchSample(sample, 0);
15	if (sample[0]>=1.0)
16	{
17	Motor.*B*.forward();
18	Motor.*C*.forward();
19	}
20	else
21	{
22	Motor.*B*.stop();
23	Motor.*C*.stop();
24	}
25	}
26	}

分岔結構

【說明】

行號01~06：利用import關鍵字來引用Java的類別庫，亦即本程式所需要的類別。

行號10~14：設定觸碰感應器接在第1個輸入埠。

行號15：判斷觸碰感應器是否有被壓下，如果被壓下時，其回傳值為true。

行號16~19：BC馬達「向前進」。

行號20：否則，代表觸碰感應器沒有被壓下。

行號21~24：此時，停止BC馬達轉動。

【說明】如果單獨使用分岔結構（Switch），只能偵測一次，無法反覆執行。

【解決方法】搭配「迴圈結構（Loop）」，可以反覆操作此機器人的動作。

　　3.　迴圈結構（**Loop**）：是指某一段「拼圖方塊」反覆執行多次。

【範例3】當觸碰感應器被壓下時，機器人「前進」，否則機器人「停止」，反
　　　　覆執行此動作。

【LeJOS程式】加入Loop

行號	程式檔名：ch5_1C.java
01	import lejos.hardware.motor.*;
02	import lejos.hardware.Button;
03	import lejos.hardware.ev3.LocalEV3;
04	import lejos.hardware.port.Port;
05	import lejos.hardware.sensor.EV3TouchSensor;
06	import lejos.hardware.sensor.SensorModes;
07	import lejos.robotics.SampleProvider;
08	
09	public class ch5_1C {
10	public static void main(String[] args) {
11	Port port = LocalEV3.get().getPort("S1");
12	SensorModes sensor=new EV3TouchSensor(port);
13	SampleProvider touch= sensor.getMode("Touch");
14	while(!Button.*ESCAPE*.isDown())
15	{
16	float[] sample = new float[touch.sampleSize()];
17	touch.fetchSample(sample, 0);
18	if (sample[0]>=1.0)
19	{
20	Motor.*B*.forward();
21	Motor.*C*.forward();
22	}
23	else
24	{
25	Motor.*B*.stop();
26	Motor.*C*.stop();
27	}
28	}
29	}
30	}

迴圈（Loop）+分岔（Switch）結構

【說明】從上面的拼圖程式，我們就可以了解「反覆執行」某一特定的「判斷事件」就必須使用「迴圈（Loop）+分岔（Switch）」結構。其中行號09代表當使用者按下「取消鍵」就會退出程式。

5-2　循序結構（Sequential）

【定義】是指程式由左至右，逐一執行一連串的拼圖程式，其間並沒有分岔及迴圈的情況，稱之。

【優點】

1. 由左至右，非常容易閱讀。
2. 結構比較單純，沒有複雜的變化。

【缺點】

1. 無法表達複雜性的條件結構。
2. 雖然可以表達重複性的迴圈結構，但是往往要撰寫較長的拼圖程式。

【適用時機】

1. 不須進行判斷的情況。
2. 沒有重複撰寫的情況。

【範例】讓機器人行走L型的路徑。

行號	程式檔名：ch5_2.java
01	import lejos.hardware.motor.*;
02	public class ch5_2 {
03	public static void main(String[] args) {
04	Motor.B.rotate(720,true);
05	Motor.C.rotate(720,false);
06	Motor.B.rotate(1200,false);
07	Motor.B.rotate(720,true);
08	Motor.C.rotate(720,false);
09	}
10	}

【說明】

行號04~05：BC馬達「向前進」轉2圈（亦即720度）。

行號06：B馬達「向前進」轉3圈又120度，亦即機器人向右轉90度。

行號07~08：BC馬達「向前進」轉2圈（亦即720度）。

【範例分析】

　　情況一：讓機器人馬達前進2圈後，自動停止。

　　情況二：讓機器人馬達前進2圈後，向右轉，再向前走2圈。

　　情況三：讓機器人繞一個正方形。

【圖解說明】

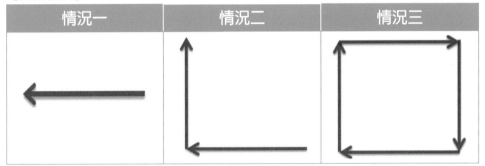

情況一	情況二	情況三

　　在上圖中，「情況三」作法雖然可以使用「循序結構」，但是，拼圖程式會較長，並且非常不夠專業。因此，建議使用「迴圈結構」。

　　以下為機器人繞一個正方形的兩種方法之比較：

【第一種方法】循序結構（沒有使用迴圈）。

【LeJOS程式】

行號	程式檔名：ch5_2A.java
01	import lejos.hardware.motor.*;
02	public class ch5_2A {
03	public static void main(String[] args) {
04	//前進2圈後，再向右轉
05	Motor.*B*.rotate(720,true);
06	Motor.*C*.rotate(720,false);
07	Motor.*B*.rotate(1200,false);
08	//前進2圈後，再向右轉

09	Motor.*B*.rotate(720,true);
10	Motor.*C*.rotate(720,false);
11	Motor.*B*.rotate(1200,false);
12	//前進2圈後，再向右轉
13	Motor.*B*.rotate(720,true);
14	Motor.*C*.rotate(720,false);
15	Motor.*B*.rotate(1200,false);
16	//前進2圈後，再向右轉
17	Motor.*B*.rotate(720,true);
18	Motor.*C*.rotate(720,false);
19	Motor.*B*.rotate(1200,false);
20	}
21	}

【說明】以上共有八個，但是，重複出現四次「前進**2圈**，向右轉」。

【第二種方法】使用「Loop迴圈」結構。

【LeJOS程式】

行號	程式檔名：ch5_2B.java
01	import lejos.hardware.motor.*;
02	public class ch5_2B {
03	public static void main(String[] args) {
04	int i=0;
05	while(i<4)
06	{
07	//前進2圈後，再向右轉
08	Motor.*B*.rotate(720,true);
09	Motor.*C*.rotate(720,false);
10	Motor.*B*.rotate(1200,false);
11	i++;
12	}
13	}
14	}

【說明】

1. 將【第一種方法】中的前3個指令「前進**2圈**，向右轉」抽出來，外層加

入一個「**while迴圈**」來控制迴圈的次數即可。

2. 關於「馬達」的詳細介紹，請參考第八章。

3. 關於「迴圈」的詳細介紹，請參考下一單元。

5-3 分岔結構（Switch）

【定義】是指根據「條件式」來選擇不同的執行路徑。

【使用時機】

1. 只過濾某一種狀況。

2. 執行狀況有兩種或兩種以上。

【分類架構圖】

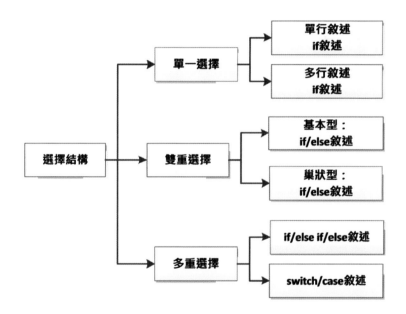

【範例】

1. 機器人軌跡車（判斷白線或黑線）使用if/else。

2. 機器人讀顏色（針對不同的顏色，唸出不同的英文音）使用switch/case。

【分類】「單一選擇結構」、「雙重選擇結構」與「多重選擇結構」。

5-3-1 單一選擇結構（If-then）

【定義】

　　if的中文意思就是「**如果…就…**」，亦即只會執行「條件成立」時的敘述。

【示意圖】

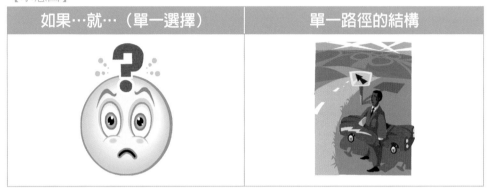

如果…就…（單一選擇）	單一路徑的結構

【分類】

　　(一) 單行敘述

【定義】指當條件式成立之後，所要執行的敘述式只有一行稱之。

【語法1】

```
if（條件式）敘述;
```

【語法2】

```
if（條件式）
{
敘述;
}
```

　　其中「條件式」是一關係運算式或邏輯運算式

【注意】單行敘述可省略上下兩個大括號。

【說明】

1. 以if為首的條件式必須放在（）之內，之後的敘述放在它後面。

2. 如果「條件式」成立（True），就執行後面的「敘述」；如果「條件式」不成立（False），就跳過不執行。

3. 若if條件成立時，希望執行的敘述不只有一行時，請用{ }括起來。若只有一行，則可以省略。

【使用時機】當條件式成立之後，所要執行的敘述式只有一行。

【流程圖】

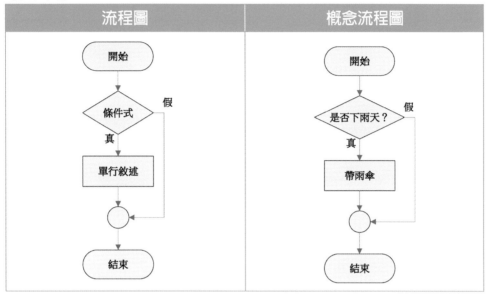

【範例1】請利用if分岔結構來判斷機器人的觸碰感測器是否被壓下，如果是的話，則前進。

【LeJOS程式】

行號	程式檔名：ch5_3_1A.java
01	import lejos.hardware.Button;
02	import lejos.hardware.ev3.LocalEV3;
03	import lejos.hardware.port.Port;
04	import lejos.hardware.sensor.EV3TouchSensor;
05	import lejos.hardware.sensor.SensorModes;
06	import lejos.robotics.SampleProvider;
07	
08	public class ch5_3_1A {
09	public static void main(String[] args) {
10	Port port = LocalEV3.get().getPort("S1");

11	SensorModes sensor=new EV3TouchSensor(port);
12	SampleProvider touch= sensor.getMode("Touch");
13	float[] sample = new float[touch.sampleSize()];
14	touch.fetchSample(sample, 0);
15	if (sample[0]>=1.0)
16	{
17	System.*out*.println("You Touch Me");
18	}
19	Button.*waitForAnyPress*();
20	}
21	}

【說明】單行敘述可省略上下兩個大括號，因此，行號16與18可省略。

(二) 多行敘述

【定義】指當條件式成立之後，所要執行的敘述式超過一行以上則稱之。

【語法】

```
if (條件式)
{
    敘述1;
    敘述2;
    ……
    敘述n;
}
```

其中（條件式）是一關係運算式或邏輯運算式。

【注意】多行敘述不可以省略上下兩個大括號。

【說明】1.如果「條件式」成立，就執行後面的「多行敘述」。

2.若if條件式成立時，希望執行的敘述不只有一行時，請用{ }括起來。

【使用時機】當條件式成立之後，所要執行的敘述式是多行。

【流程圖】

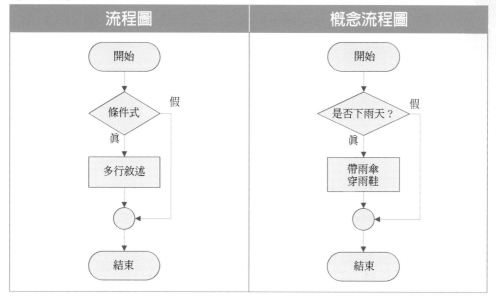

流程圖	概念流程圖

【範例2】請利用if分岔結構來判斷機器人的觸碰感測器是否被壓下,如果是的話,則前進並在螢幕上顯示「You Touch Me」文字,及發出「嗶」聲2秒鐘。

【LeJOS程式】

行號	程式檔名:ch5_3_1B.java
01	import lejos.hardware.Button;
02	import lejos.hardware.Sound;
03	import lejos.hardware.ev3.LocalEV3;
04	import lejos.hardware.port.Port;
05	import lejos.hardware.sensor.EV3TouchSensor;
06	import lejos.hardware.sensor.SensorModes;
07	import lejos.robotics.SampleProvider;
08	
09	public class ch5_3_1B {
10	public static void main(String[] args) {
11	Port port = LocalEV3.get().getPort("S1");
12	SensorModes sensor=new EV3TouchSensor(port);
13	SampleProvider touch= sensor.getMode("Touch");

14	float[] sample = new float[touch.sampleSize()];
15	touch.fetchSample(sample, 0);
16	if (sample[0]>=1.0)
17	{
18	System.*out*.println("You Touch Me");
19	Sound.playTone(Sound.*C2*,2000,100);
20	}
21	Button.*waitForAnyPress*();
22	}
23	}

（第17~20行標示為「多行敘述」）

【說明】1.多行敘述不可以省略上下兩個大括號。

2.如果單獨使用分岔結構（Switch），只能偵測一次，無法反覆執行。其解決方法就是要搭配「迴圈結構（Loop）」，它就可以讓你反覆操作此機器人的動作。【請參閱附書光碟：ch5-3-1C.java】

5-3-2 雙重選擇結構

【定義】是指依照「條件式」成立以否，來執行不同的敘述。

【舉例】判斷及格與不及格、判斷奇數與偶數、判斷男生與女生……等情況。

【示意圖】

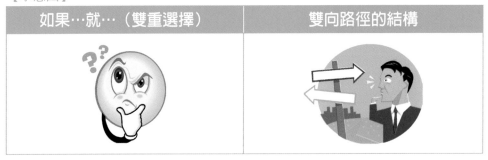

如果…就…（雙重選擇）	雙向路徑的結構

【語法】

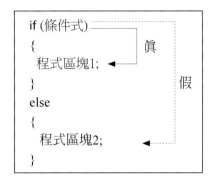

其中「條件式」是一關係運算式 或 邏輯運算式

【說明】如果「條件式」成立（真），就執行後面的「敘述區塊1」，否則就執行「敘述區塊2」。

【注意】當「敘述區塊」內的敘述只有一行時，則可以省略左右大括號。

【使用時機】當條件只有二種情況。

【流程圖】

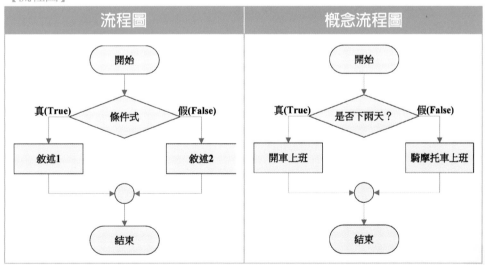

【範例】當觸碰感應器被「壓下」時，機器人前進一下；否則「放開」時，機器人就會後退一下，反覆操作。

【LeJOS程式】

行號	程式檔名：ch5_3_2A.java
01	import lejos.hardware.Button;
02	import lejos.hardware.motor.*;
03	import lejos.hardware.ev3.LocalEV3;
04	import lejos.hardware.port.Port;
05	import lejos.hardware.sensor.EV3TouchSensor;
06	import lejos.hardware.sensor.SensorModes;
07	import lejos.robotics.SampleProvider;
08	
09	public class ch5_3_2A {
10	public static void main(String[] args) {
11	Port port = LocalEV3.get().getPort("S1");
12	SensorModes sensor=new EV3TouchSensor(port);
13	SampleProvider touch= sensor.getMode("Touch");
14	while(!Button.*ENTER*.isDown())
15	{
16	float[] sample = new float[touch.sampleSize()];
17	touch.fetchSample(sample, 0);
18	if (sample[0]>=1.0)
19	{
20	Motor.*B*.forward();
21	Motor.*C*.forward();
22	}
23	else
24	{
25	Motor.*B*.backward();
26	Motor.*C*.backward();
27	}
28	}//while end
29	}
30	}

【說明】

行號01~07：利用import關鍵字來引用Java的類別庫，亦即本程式所需要的類別。

行號11~13：利用設定「觸碰感應器」連接的1號輸入埠。

行號14：利用while()迴圈指令來判斷「EV3主機的確認鍵」是否「被壓下」。

行號16~17：取得「觸碰感應器」偵測的值。

行號18~22：如果「觸碰感應器」被壓下，則機器人前進一下。

行號23~27：否則，機器人就會後退一下。

5-3-3　多重選擇結構

　　在日常生活中，我們所面臨的決策可能不只一種情況，也有可能兩種情況，甚至兩種以上的不同情況。

【定義】是指「條件式」的情況是兩種以上時稱之。

【舉例】1. 國小成績分等第（優、甲、乙、丙……）。

　　　　2. 電影分級制（普通級、保護級、輔導級、限制級）。

【示意圖】

| 三條路徑 | 四條路徑 |

【作法】

1. 逐一比對結構if/else if/else。
2. 逐一比對結構switch/case。

5-3-3-1　逐一比對結構if/else if/else

【定義】此種結構是雙重結構的改良版，它可以使用於多種選擇情況。

【示意圖】

雙重結構	雙重結構的改良版（多種選擇結構）

【語法】

```
if (條件式1)
{
  敘述區塊1
}
else if (條件式2)
{
  敘述區塊2
}
 . . . . . .
 . . . . . .
else if (條件式n)
{
  敘述區塊n
}
else
{
  敘述區塊n+1
}
```

【說明】如果「條件式1」不成立，就繼續往下判斷「條件式2」，依樣畫葫蘆的判
　　　　斷下去，直到所有的條件式判斷完為止，否則就執行「敘述區塊n＋1」。

【使用時機】當條件式有兩種以上時。

【流程圖】

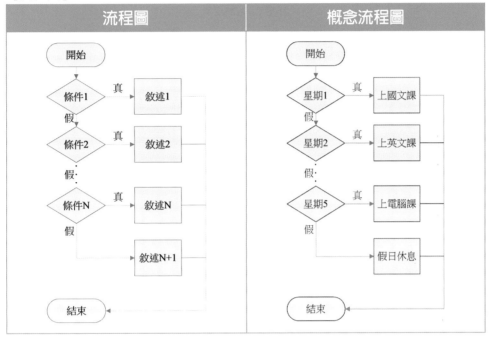

【範例】請利用if/else if/else結構與Random 亂數值來模擬投擲骰子（1~6點），
　　　　並顯示在螢幕上。

【LeJOS程式】

行號	程式檔名：ch5_3_3_1.java
01	package ch5_3_3_1;
02	import lejos.hardware.Button;
03	import lejos.hardware.ev3.LocalEV3;
04	import lejos.hardware.lcd.LCD;
05	import lejos.hardware.port.Port;
06	import lejos.hardware.sensor.EV3TouchSensor;
07	import lejos.hardware.sensor.SensorModes;

```
08     import lejos.robotics.SampleProvider;
09
10     public class ch5_3_3_1 {
11         public static void main(String[] args) {
12             int RandValue;
13             Port port = LocalEV3.get().getPort("S1");
14             SensorModes sensor=new EV3TouchSensor(port);
15             SampleProvider touch= sensor.getMode("Touch");
16             while(!Button.ENTER.isDown())
17             {
18              float[] sample = new float[touch.sampleSize()];
19              touch.fetchSample(sample, 0);
20             if (sample[0]>=1.0)
21              {
22                 LCD.clear();
23                 RandValue=(int)(Math.random()*6)+1;//產生1~6整數亂數值
24                 if(RandValue==1)
25                     System.out.println("one");
26                 else if(RandValue==2)
27                     System.out.println("two");
28                 else if(RandValue==3)
29                     System.out.println("three");
30                 else if(RandValue==4)
31                     System.out.println("four");
32                 else if(RandValue==5)
33                     System.out.println("five");
34                 else
35                     System.out.println("six");
36             }
37         }//while end
38     }
39     }
```

【說明】

行號01~08：利用import關鍵字來引用Java的類別庫，亦即本程式所需要的類別。

行號12：宣告RandValue為亂數值變數。

行號13~15：設定「觸碰感應器」連接的1號輸入埠。

行號16：利用while()迴圈指令來判斷「EV3主機的確認鍵」是否「被壓下」。

行號18~19：取得「觸碰感應器」偵測的值。

行號20：判斷「觸碰感應器」是否被壓下。

行號22：利用LCD.clear()指令來清除螢幕。

行號23：如果被壓下，則產生1~6的亂數值。

行號24~35：利用if/else if/else結構來依序過濾每次產生的亂數值，並顯示在螢幕上。

行號24~25：如果亂數值為1時，則在螢幕上顯示「one」文字。

行號26~27：如果亂數值為2時，則在螢幕上顯示「two」文字。

行號28~29：如果亂數值為3時，則在螢幕上顯示「three」文字。

行號30~31：如果亂數值為4時，則在螢幕上顯示「four」文字。

行號32~33：如果亂數值為5時，則在螢幕上顯示「five」文字。

行號34~35：如果亂數值為6時，則在螢幕上顯示「six」文字。

5-3-3-2 逐一比對結構Switch Case

if/else if/else與switch/case結構具有相同的功能，但如果條件很多時，使用if/else if/else結構就很容易混亂了。

【定義】是指使用於多種選擇情況。

【適用時機】當程式中的條件式超過兩個以上時。

【目的】程式較為精簡且可讀性較高。

【語法】

```
switch(資料或運算式)
{
  case 常數1;
       敘述區塊1;
       break;
  case常數2;
       敘述區塊2;
       break;
  ……………….
  ……………….
  case常數N;
       敘述區塊N;
       break;
  default:
       敘述區塊N+1;
       break;
}
```

【說明】 1.當（資料或運算式）的值，符合常數1時，則執行敘述區塊1，符合常
數2時，則執行敘述區塊2，直到遇到break敘述，才會離開switch，如
果所有的條件式都不能符合時，則會執行敘述區塊N+1。

2.switch後面的運算式可以是整數或字串資料。並且case後面的常數可
以是整數或字串資料。

【流程圖】

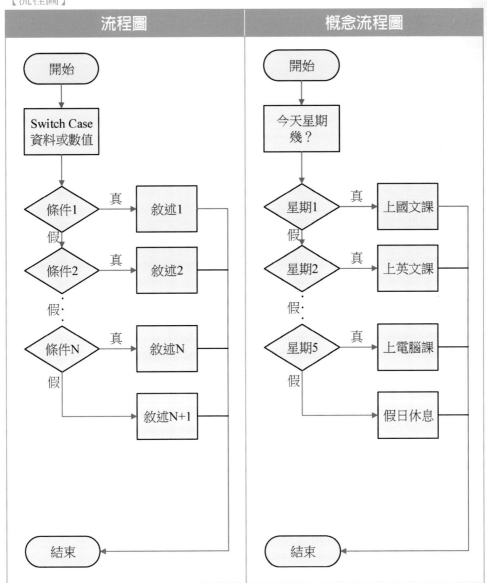

【範例】請利用switch/case結構與Random 亂數值來模擬投擲骰子（1~6點），並
顯示在螢幕上。

【LeJOS程式】

行號	程式檔名：ch5_3_3_2.java
01	package ch5_3_3_2;
02	import lejos.hardware.Button;
03	import lejos.hardware.ev3.LocalEV3;
04	import lejos.hardware.lcd.LCD;
05	import lejos.hardware.port.Port;
06	import lejos.hardware.sensor.EV3TouchSensor;
07	import lejos.hardware.sensor.SensorModes;
08	import lejos.robotics.SampleProvider;
09	
10	public class ch5_3_3_2 {
11	public static void main(String[] args) {
12	int RandValue;
13	Port port = LocalEV3.get().getPort("S1");
14	SensorModes sensor=new EV3TouchSensor(port);
15	SampleProvider touch= sensor.getMode("Touch");
16	while(!Button.*ENTER*.isDown())
17	{
18	float[] sample = new float[touch.sampleSize()];
19	touch.fetchSample(sample, 0);
20	if (sample[0]>=1.0)
21	{
22	LCD.clear();
23	RandValue=(int)(Math.random()*6)+1;//產生1~6整數亂數值
24	**switch(RandValue)**
25	{
26	case 1:
27	System.*out*.println("one");
28	break;
29	case 2:
30	System.*out*.println("two");
31	break;

```
32              case 3:
33                  System.out.println("three");
34                  break;
35              case 4:
36                  System.out.println("four");
37                  break;
38              case 5:
39                  System.out.println("five");
40                  break;
41              default:
42                  System.out.println("six");
43                  break;
44          }
45      }
46  }//while end
47  }
48  }
```

【說明】參考同上。其主要的不同為行號24~44：利用switch/case結構來依序過濾每次產生的亂數值，並顯示在螢幕上。

5-4　迴圈結構（Loop）

　　在我們的日常生活中，有許多事都是具有重複性的，例如一天有 24 小時，一星期有七天，同一門課要上18 次才能拿到學分，一個大學學位要修132個學分才能拿到，或每一位學生每一次月考要考五科，一學期要考三次月考，諸如此類的問題，如果只靠人工處理必定是件非常繁雜的工作。

【定義】是指讓某一段敘述反覆執行多次的程式。

【使用時機】一再重複性的動作。

【分類架構圖】

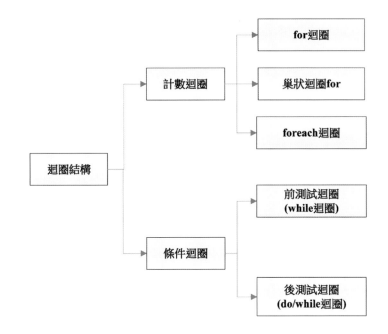

【範例】

    1. 機器人繞一個正方形（可使用 for 迴圈）。

    2. 機器人反覆某一動作（可使用 while 與 do/while 迴圈）。

【分類】「計數迴圈」與「條件迴圈」。

5-4-1　計數迴圈

【定義】是指依照「計數器」的設定值，來依序重複執行。

【示意圖】鬧鐘與碼表。

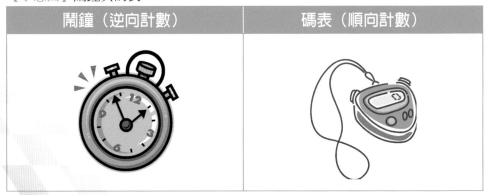

【使用時機】已知程式的執行次數固定且重覆時，使用此種迴圈最適合。

【舉例】 1. 1 + 2 + 3 + … + 10。

　　　　 2. 機器人繞一個正方形。

【示意圖】

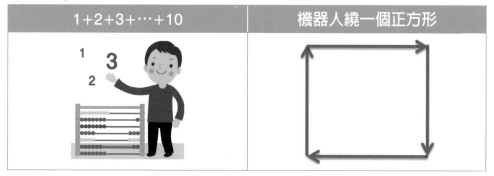

1+2+3+…+10	機器人繞一個正方形

【語法】

```
for (計數變數=初值;終值條件;間隔值)
{
  程式區塊1;
  [break;]
  [continue;]
  [程式區塊2;]
}
```

【動作原理】

1. 「計數變數」設定為「初值」，然後執行迴圈內之「程式區塊1」。

2. 直到執行「程式區塊2」完成後，「計數變數」會自動加上「間隔值」。

3. 此時，迴圈結構會自動檢查「計數變數」是否大於「終值」，

    (1) 若超過則跳出迴圈；

    (2) 否則將繼續執行迴圈敘述；

    (3) 直到「計數變數」大於終值為止。

【流程圖】

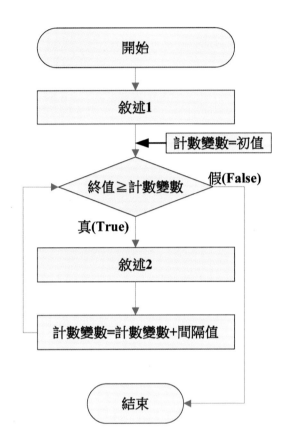

【舉例】1加到10的三種常見的求法

求法 過程	迴圈敘述	I值的變化過程	迴圈內的執行次數	總和
累加	for (i=1;i<=10;i++)	1,2,3...9,10	10	55
奇數和	for (i = 1; i <= 10; i+=2)	1,3,5,7,9	5	25
偶數和	for (i = 2; i <= 10; i+= 2)	2,4,6,8,10	5	30

【範例】請利用for迴圈來撰寫1加到10的程式。

【LeJOS程式】

行號	程式檔名：ch5_4_1A.java
01	import lejos.hardware.Button;
02	public class ch5_4_1A {
03	public static void main(String[] args) {
04	int Sum=0;
05	for (int i = 1; i <= 10; i++)
06	Sum = Sum + i;
07	System.*out*.println("Sum="+ Sum);
08	Button.*waitForAnyPress*();
09	}
10	}

【說明】

行號04：宣告及設定初值。

行號05：利用for迴圈來控制10次。

行號06：Sum變數值每一次加 i 變數值，亦即進行「累加」功能。

行號07：將Sum變數值（亦即總和）顯示在EV3主機螢幕上。

行號08：等待使用者按下EV3主機上的按鈕。

【實作2】請利用for迴圈來撰寫「機器人繞一個正方形」程式。

【LeJOS程式】

行號	程式檔名：ch5-4-1B.java
01	import lejos.hardware.motor.Motor;
02	public class ch5_4_1B {
03	public static void main(String[] args) {
04	for(int i=0;i<4;i++)
05	{
06	//前進2圈後，再向右轉
07	Motor.*B*.rotate(720,true);
08	Motor.*C*.rotate(720,false);
09	Motor.*B*.rotate(1200,false);
10	}
11	}
12	}

【說明】

行號04：利用for迴圈來控制4次。

行號06：BC馬達「向前進」轉2圈。

行號07：B馬達「向前進」轉3圈又120度，亦即向右轉90度。

5-4-2 條件迴圈（Do/Loop）

一般而言，如果我們不能預先知道迴圈的次數的話，則必須要使用「條件迴圈」來解決。

【舉例】

王爸爸第一天給小明10元，第二天給20元，第三天給30元，請問小明要存到5000元需要多少天？諸如此類的題目，最好使用條件式迴圈來處理比較容易。

【分類】

1. **前測試迴圈**（先判斷條件式，再執行迴圈），如：while。
2. **後測試迴圈**（先執行迴圈，再判斷條件式），如：do/while。

【圖解說明】

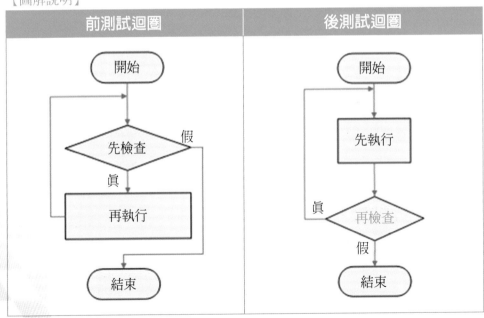

5-4-2-1　前測試迴圈

【定義】先判斷條件式，再執行迴圈。

【語法】

while迴圈

while(條件式)
{
　敘述區塊;　　成立
}

【說明】while迴圈，當條件式「成立」時，才會反覆執行迴圈內的敘述區塊。

【範例】請利用while迴圈指令來反覆執行，當機器人的觸碰感測器被壓下時，才會停止，否則前進。

【LeJOS程式】

行號	程式檔名：ch5_4_2_1.java
01	import lejos.hardware.motor.*;
02	import lejos.hardware.Button;
03	import lejos.hardware.ev3.LocalEV3;
04	import lejos.hardware.port.Port;
05	import lejos.hardware.sensor.EV3TouchSensor;
06	import lejos.hardware.sensor.SensorModes;
07	import lejos.robotics.SampleProvider;
08	
09	public class ch5_4_2_1 {
10	public static void main(String[] args) {
11	Port port = LocalEV3.get().getPort("S1");
12	SensorModes sensor=new EV3TouchSensor(port);
13	SampleProvider touch= sensor.getMode("Touch");
14	while(!Button.*ESCAPE*.isDown())
15	{
16	float[] sample = new float[touch.sampleSize()];
17	touch.fetchSample(sample, 0);
18	if (sample[0]>=1.0)
19	{

20	Motor.*B*.stop();
21	Motor.*C*.stop();
22	}
23	else
24	{
25	Motor.*B*.forward();
26	Motor.*C*.forward();
27	}
28	}
29	}
30	}

【說明】

行號01~07：利用import關鍵字來引用Java的類別庫，亦即本程式所需要的類別。

行號11~13：設定觸碰感應器接在第1個輸入埠。

行號14：「反覆執行」某一特定的「判斷事件」就必須使用「迴圈（Loop）」結構，其寫法應該為「while (true) 或while (1)」。但是，此迴圈無限次的執行，因此我們可以改為符合某一特定條件就會跳出迴圈，所以改成「while (!Button.ESCAPE.isDown())」代表當使用者按下「取消鍵」就會退出程式。

行號16~17：偵測「觸碰感應器」的值。

行號18：判斷觸碰感應器是否有被壓下，如果被壓下時，其回傳值為true。

行號19~22：停止BC馬達轉動。

行號23：否則，代表觸碰感應器沒有被壓下。

行號24~27：BC馬達「向前進」。

5-4-2-2 後測試迴圈

【定義】先執行迴圈，再判斷條件式。

【作法】「判斷前」會先執行迴圈，當執行一次之後，再執行條件式判斷，不符合則跳出迴圈，但至少會執行一次迴圈。

【語法】

```
do
{
   敘述區塊;
}
while(條件式)
```

【說明】當條件式為「不成立（False）」時，跳出迴圈。此迴圈會先執行迴圈
一次之後，再執行條件式判斷，不符合則跳出迴圈，但至少會執行一次
迴圈，也就是所謂的「先執行迴圈再判斷條件式」。

【範例】請利用do/while迴圈指令來反覆執行，當機器人的觸碰感測器被壓下
時，才會停止，否則前進。

【LeJOS程式】

行號	程式檔名：ch5-4-2-2.java
01	import lejos.hardware.motor.*;
02	import lejos.hardware.Button;
03	import lejos.hardware.ev3.LocalEV3;
04	import lejos.hardware.port.Port;
05	import lejos.hardware.sensor.EV3TouchSensor;
06	import lejos.hardware.sensor.SensorModes;
07	import lejos.robotics.SampleProvider;
08	
09	public class ch5_4_2_2 {
10	public static void main(String[] args) {
11	Port port = LocalEV3.get().getPort("S1");
12	SensorModes sensor=new EV3TouchSensor(port);
13	SampleProvider touch= sensor.getMode("Touch");
14	do
15	{
16	float[] sample = new float[touch.sampleSize()];
17	touch.fetchSample(sample, 0);
18	if (sample[0]>=1.0)
19	{

```
20          Motor.B.stop();
21          Motor.C.stop();
22        }
23     else
24        {
25        Motor.B.forward();
26        Motor.C.forward();
27        }
28      } while(!Button.ESCAPE.isDown());
29    }
30  }
```

【說明】參考同上。

第六章 陣列

本章學習目標

1. 了解變數與陣列在記憶體中的表示方式。
2. 說明陣列資料結構配合迴圈演算法來提高程式的執行效率。

本章內容

第六章　陣列

6-1　陣列的觀念

【定義】是指一群具有「相同名稱」及「資料型態」的變數之集合。

【特性】

1. 會占用連續記憶體空間。

2. 用來表示有序串列之一種方式。

3. 各元素的資料型態皆相同。

4. 支援隨機存取（Random Access）與循序存取（Sequential Access）。

5. 插入或刪除元素時較為麻煩，因為需挪移其他元素。

【舉例】假設我們需要5個整數變數來存放資料時，那就必須要宣告一個A陣列
為整數型態，其註標是按照順序排列從0~4共有5項，其含義如下：

int A [5];

陣列名稱 →	A				
陣列註標 →	0	1	2	……	4
陣列元素 →	A[0]	A[1]	A[2]	……	A[4]

【說明】

1. A陣列表示內共有5個陣列元素，也就是有5個變數，分別為A[0]、A[1]、
A[2]……A[4]。

2. 每一個陣列元素可以存放一筆資料。

3. 當我們要連續輸入或輸出資料時，只需要使用「陣列」資料結構加上
「迴圈」演算法就可以快速且有彈性地處理資料了。

4. 陣列內容的存取，通常是以迴圈指令配合輸入或輸出指令來進行，如下
片段程式：

陣列內資料的「初始化」方式	陣列內資料的「輸出」方式

int[] A=new int[]{1,3,5,7,9};　//第一種寫法
int B[]=new int[]{2,4,5,6,10};　//第二種寫法
	for (int i=0;i<=4;i++)
	　{
	　System.out.println(B[i]);
	　}

5. 陣列所存放的每個資料叫做元素，若一個陣列中元素的個數為n時，表示此陣列的長度為n，然後透過「陣列」與「註標」可以用來區分每個元素。註標是以一個數字表示，註標0是代表陣列的第一個元素，註標1代表陣列的第二個元素，……，以此類推，則陣列的第n個元素則以註標n-1代表。

【LeJOS程式】

行號	程式檔名：ch6-1A.java
01	import lejos.hardware.Button;
02	public class ch6_1A {
03	public static void main(String[] args)
04	{ //宣告
05	int[] A=new int[]{1,3,5,7,9};
06	//處理
07	for (int i=0;i<=4;i++)
08	{
09	//輸出
10	System.out.println(A[i]);
11	}
12	Button.*waitForAnyPress*();
13	}
14	}

【說明】

行號01：利用import關鍵字來引用Java的類別庫，亦即本程式所需要的類別。

行號05：宣告A為整數陣列，並且初值設定為1,3,5,7,9。

行號07~11：透過「迴圈」結構來顯示A陣列中的內含值。

行號10：利用System.out.println()方法來顯示A陣列中的內含值。

行號12：利用Button.*waitForAnyPress*()方法來等待使用者按下EV3主機上的任何按鍵。

【優點】

1. 利用註標（**Index**）可以快速存取資料。

2. 一次可以處理大批資料。

   (1) 利用註標（Index）可以快速的輸入資料。

連續「輸入」5筆資料
for (i = 0; i <= 4; i++)　　//利用「迴圈結構」 A[i]=i*2+1;　　　　　　//快速「輸入資料」到「陣列」中

   (2) 利用註標（Index）一次可以輸出大批的資料。

連續「輸出」5筆資料
for (i = 0; i <= 4; i++)　　//利用「迴圈結構」 System.out.println(A[i]);　//從「陣列」一次「輸出大批」的資料

3. 較容易表達資料處理的技巧。

在資料結構中幾乎每一種結構都必須要以「陣列」為基礎，例如：以陣列來實作堆疊或佇列，以及各種排序或搜尋方法都必須使用陣列來處理。

【缺點】

1. 在新增或刪除資料時比較麻煩。

2. 當記憶體配置在宣告陣列時就固定大小，缺乏彈性。

【LeJOS程式】

行號	程式檔名：ch6_1B.java
01	import lejos.hardware.Button;
02	public class ch6_1B {
03	public static void main(String[] args)
04	{ //宣告
05	int[] A=new int[5];
06	//處理
07	for (int i=0;i<=4;i++)
08	{
09	//輸入
10	A[i]=i*2+1;
11	}

利用「迴圈結構」＋「陣列」
可以快速的「輸入」資料

12	for (int i=0;i<=4;i++)
13	{
14	//輸出
15	System.out.println(A[i]);
16	}
17	Button.*waitForAnyPress*();
18	}
19	}

> 利用「迴圈結構」+「陣列」
> 可以快速的「輸出」資料

6-2 一維陣列的宣告及儲存方式

在上面的單元已經了解陣列的概念與好處之後，接下來，將介紹陣列的宣告與儲存方式。陣列宣告的方式和一般變數的宣告大同小異，最大的不同便是在陣列名稱後，必須要再加上陣列註標(索引)值大小，以便向系統爭取預留足夠的主記憶體空間。

【定義】宣告陣列時，其括弧內的「註標」個數，只有一個時，稱為「一維陣列」。

6-2-1 陣列的宣告

【目的】為了配置記憶體空間，以便讓程式有足夠的空間進行資料運算。

【語法1】 資料型態**[ ]** 陣列名稱**=new**資料型態**[**陣列大小**]**

【說明】1.「陣列名稱」的命名規則和一般變數相同。

2.「陣列大小」必須是一數字型態。

【舉例】 int[] A=new int[3];

【語法2】 資料型態 陣列名稱**[ ]=new**資料型態**[**陣列大小**]**

【舉例】 int A[]=new int[3];

【分類】

基本上，「變數的宣告」可以分兩類：

1. 「一般變數」的宣告。

2. 「陣列變數」的宣告。

【示意圖】

一般變數	陣列變數
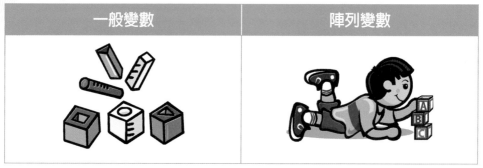	

【範例1】 「一般變數」的宣告。

int A, B, C;　　　//宣告三個變數(A,B,C)為整數型態

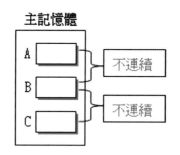

【說明】

　　以上三個變數之間都是個別獨立的記憶體空間，也就是不連續的記憶體空間的配置。

【範例2】 「陣列變數」的宣告。

int[] A=new int[3]; //宣告一維陣列A，共有A[0]、A[1]、A[2]三個元素

此時，主記憶體就會即時配置3個位置。

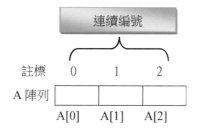

【說明】

　　以上所配置位置是連續的記憶體空間，可以讓我們連續儲存多項資料，並且資料與資料之間都是按照順序排列的記憶體空間。

6-2-2　陣列的儲存方式

【定義】陣列名稱之後加上「註標」即可存取陣列元素。

【語法】　陣列名稱[註標]=資料來源;

【說明】 1.「陣列名稱」的命名規則和一般變數相同。

　　　　 2.「註標」必須是一數字型態。

【舉例】宣告一個A[3]的陣列，並分別儲存10、20、30，如下所示：

　　int[] A=new int[3];

　　A[0]=10;　//指把10指定給A陣列中的第0項的資料中

　　A[1]=20;

　　A[2]=30;

　　此時，主記憶體就會配置3個位置，分別存入10、20、30三項資料到陣列中，如下圖所示：

A陣列	10	20	30
	A[0]	A[1]	A[2]

【圖解說明】

存取元素	陣列儲存空間

【註標的三個形式】

陣列比變數來得有彈性，因為陣列可以利用各種型式的<u>註標</u>來表示：

1. 當註標是「變數」時：變數x=1時，則A[x]=20;
2. 當註標是「運算式」時：運算式x*2時，則A[x*2]=30;
3. 當註標是「陣列」時：陣列B[0]=1，則A[B[0]]=20;

【範例】假設我們現在想連續輸入3筆資料到A陣列中（分別是10、20、30），則只須要利用「註標」就可以快速的輸入資料。如下所示：

【LeJOS程式】

行號	程式檔名：ch6_2_2.java
01	import lejos.hardware.Button;
02	public class ch6_2_2 {
03	public static void main(String[] args)
04	{ //宣告
05	int[] A=new int[3];
06	//處理
07	for (int i=0;i<=2;i++)
08	{
09	//輸入
10	A[i]=(i+1)*10;
11	}
12	Button.*waitForAnyPress*();
13	}
14	}

此時，主記憶體就會配置3個位置，分別存入10、20、30三項資料到陣列中，如下圖所示：

A陣列	10	20	30
	A[0]	A[1]	A[2]

【說明】在上面的程式中，我們可以利用for迴圈來控制輸入資料的筆數，並且利用i變數來控制輸入資料的內容。

【範例1】請依序輸入6位同學的成績到陣列中，並計算及輸出「總和」。

【LeJOS程式】第一種寫法

使用陣列，但未使用for迴圈演算法	程式檔名：ch6_2_2A.java

```
01    import lejos.hardware.Button;
02    public class ch6_2_2A {
03        public static void main(String[] args)
04        { //宣告
05        int Sum;
06        int[] A=new int[6];
07        A[0]=60; A[1]=70; A[2]=80; A[3]=85; A[4]=90; A[5]=100;
08        //處理
09        Sum = A[0] + A[1] + A[2] + A[3] + A[4] + A[5];
10        System.out.println(Sum);
11        Button.waitForAnyPress();
12        }
13    }
```

【說明】

行號01：利用import關鍵字來引用Java的類別庫，亦即本程式所需要的類別。

行號05~06：宣告總分及A陣列。

行號07：設定六科成績給A陣列。

行號09：未使用for迴圈，來加總六科成績。

行號10~11：顯示總分，並在等待使用者按下EV3主機上的任何鍵。

【LeJOS程式】第二種寫法（最佳）

使用陣列，並使用for迴圈演算法	程式檔名：ch6_2_2B.java

```
01    import lejos.hardware.Button;
02    public class ch6_2_2B {
03        static int Sum;
04        public static void main(String[] args)
05        { //宣告
06            int[] A=new int[6];
07            A[0]=60; A[1]=70; A[2]=80; A[3]=85; A[4]=90; A[5]=100;
08            //處理
```

09	for (int i = 0; i<6;i++)	使用for迴圈演算法
10	Sum+=A[i];	
11	System.*out*.println(Sum);	
12	Button.*waitForAnyPress*();	
13	}	
14	}	

【說明】參考同上。不同之處為行號09~10，使用for迴圈演算法。

6-2-3　使用陣列的注意事項

雖然陣列比變數來得有彈性，但是，也要注意以下事項：

1. 不能夠一次讀取或指定整個陣列的資料。

　　【舉例】現在寫一個程式，利用A陣列來存放數字10。

　　(1) 直覺想法：（以下的方法是錯誤）

　　　　int[] A=new int[10];

　　　　A=10;　　　　　　　← 不能直接指定給陣列名稱

　　　　原因：想把整個陣列的資料都指定為10時，電腦會產生錯誤Error。

　　(2) 正確方法：必須把程式改為如下。

【LeJOS程式】

行號	程式檔名：ch6_2_3.java
01	import lejos.hardware.Button;
02	public class ch6_2_3 {
03	public static void main(String[] args)
04	{
05	int[] A =new int[10];
06	for (int i=0;i<10;i++)
07	{ ///必須利用迴圈來控制，使數值10逐一的存到陣列中
08	A[i]=10;
09	System.*out*.println(A[i]);
10	}
11	Button.*waitForAnyPress*();
12	}
13	}

2. 用來指定某一項資料的註標不能超過陣列的註標範圍。

【舉例】int[] A =new int[50]; // 宣告一個陣列A其註標是從0~49

A[-1]=100;　　//註標是 –1，超出陣列A的範圍

A[50]=100;　　//註標是 50，超出陣列A的範圍

6-2-4　陣列的初值設定

【定義】是指宣告陣列的同時並指定初值。

【目的】可以縮短程式的長度。

【語法】資料型別[] 陣列名稱=new 資料型別[] ={陣列初值串列};

【注意】陣列宣告的同時設定初值時，不需要指定陣列的大小，因為LeJOS的編譯器會自動根據「陣列初值串列」大小來分配空間。

【範例1】假設宣告A是一個含有5個整數的陣列，其中初值為：

第一種寫法：int[] A =new int[] {1,2,3,4,5};
第二種寫法：int[] A ={1,2,3,4,5};

【範例2】承上，如果先宣告，後再指定初值時，則必須要指定陣列大小。

int[] A = new int[5];
A[0]=1; A[1]=2 ; A[2]=3 ; A[3]=4 ; A[4]=5;

【LeJOS程式】利用初值設定6科成績，來計算總分

行號	程式檔名：ch6_2_4.java
01	import lejos.hardware.Button;
02	public class ch6_2_4 {
03	public static void main(String[] args)
04	{ //宣告及初值設定
05	int[] A ={ 60, 70, 80, 85, 90, 100 };
06	int i,sum=0;
07	//處理
08	for (i = 0; i<=5;i++)
09	sum+=A[i];
10	//輸出
11	System.out.println("Sum=" + sum);

12	Button.*waitForAnyPress*();
13	}
14	}

6-3 陣列在「排序」上的實務應用

【引言】

在日常生活中，我們常常會根據某些要求做簡單的排序，而在資料結構中最普遍也最簡單的應該就是「氣泡排序法」。

【定義】

將兩個相鄰的資料相互做比較，若比較時發現次序不對，則將兩資料互換，依次由上往下比，而結果則會依次由下往上浮起，猶如氣泡一般。

【原理】逐次比較兩個相鄰的資料，按照排序的條件交換位置，直到全部資料依序排好為止。

【舉例】假設我們現在有5筆資料要進行排序，分別是3,7,1,6,8，請利用氣泡排序法由小到大進行排序。

【示意圖】

第一回合：

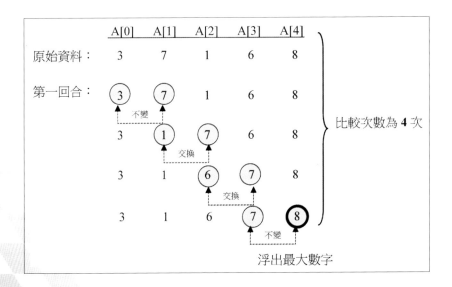

首先，3與7比較，而3小於7，所以不交換。此時，比較次數加1。
接下來，7與1比較，而7大於1，所以交換。此時，比較次數再加1。
接下來，7與6比較，而7大於6，所以交換。此時，比較次數再加1。
最後，7與8比較，而7小於8，所以不交換。此時，比較次數再加1。
因此，在完成第一回合之後，就會浮出最大數字8。

第二回合：

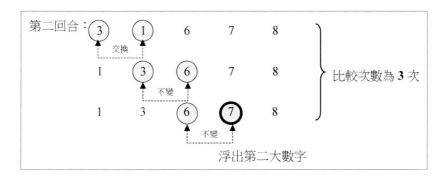

首先，3與1比較，而3大於1，所以交換。此時，比較次數加1。
接下來，3與6比較，而3小於6，所以不交換。此時，比較次數再加1。
最後，6與7比較，而6小於7，所以不交換。此時，比較次數再加1。
因此，在完成第二回合之後，就會浮出第二大數字7。

第三回合：

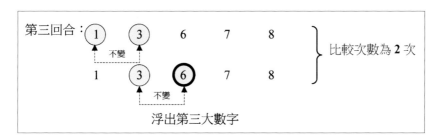

首先，1與3比較，而1小於3，所以不交換。此時，比較次數加1。
最後，3與6比較，而3小於6，所以不交換。此時，比較次數再加1。

因此，在完成第三回合之後，就會浮出第三大數字6。

第四回合：

首先，1與3比較，而1小於3，所以不交換。此時，比較次數加1。

因此，在完成第四回合之後，就會浮出第四大數字3。

最後，在完成以上四回合之後，其排序結果為：1,3,6,7,8。

並且，總共的「比較次數」為4+3+2+1=10次。

【範例】

　　請利用「氣泡排序法」將以下的數列「由小到大」進行排序。

　　數列：3,7,1,6,8

【LeJOS程式】

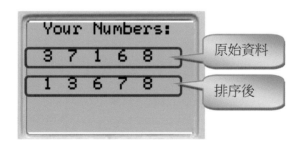

【LeJOS程式】

行號	程式檔名：ch6_3.java
01	import lejos.hardware.Button;
02	public class ch6_3 {
03	public static void main(String[] args)
04	{ //宣告及初值設定
05	int i,j,temp;
06	int NumArray1[]={3,7,1,6,8};
07	int NumArray2[]={3,7,1,6,8};
08	for(i=3;i>=0;i--) //控制「比較」次數
09	{
10	for(j=0;j<=i;j++) //控制「交換」次數
11	{
12	if(NumArray2[j]>NumArray2[j+1])
13	{ //進行交換過程
14	temp=NumArray2[j];
15	NumArray2[j]=NumArray2[j+1];
16	NumArray2[j+1]=temp;
17	}
18	}
19	}
20	System.out.println("Your Numbers:");
21	for(i=0;i<5;i++)
22	{ //顯示排序前的資料
23	System.out.print(" "+ NumArray1[i]);
24	}
25	System.out.println();
26	for(i=0;i<5;i++)
27	{ //顯示排序後的資料
28	System.out.print(" "+ NumArray2[i]);
29	}
30	Button.waitForAnyPress();
31	}
32	}

【說明】

行號01：利用import關鍵字來引用Java的類別庫，亦即本程式所需要的類別。

行號05：宣告i,j,temp為整數變數，其中i變數是用來控制「比較」次數，而 j 變數是用來控制「交換」次數，而temp變數是用來暫存兩數交換的中間值。

行號06：宣告NumArray1為陣列變數，用來顯示「原始資料」的陣列，並且設定初值串列。

行號07：宣告NumArray2為陣列變數，用來進行排序使用的陣列，並且設定初值串列。

行號08~19：利用雙重迴圈用來進行「氣泡排序法」。

行號08：外層迴圈用來控制「比較」次數。

行號10：內層迴圈用來控制「交換」次數。

行號12~18：用來進行「兩數交換」過程。

行號21~24：用來顯示「排序前」的資料。

行號25：換行。

行號26~29：用來顯示「排序後」的資料。

行號30：等待使用者按下EV3主機的任何鍵。

6-4　陣列在「搜尋」上的實務應用

在日常生活中，我們常常需要想從一群資料中找尋所要的特定資料，而在資料結構中最普遍也最簡單的應該就是「循序搜尋法」。

【定義】

又稱為線性搜尋（Linear Search），它是指從第一個資料項開始依序取出與「鍵值Key」相互比較，直到找出所要的元素或所有資料均已找完為止。

【示意圖】

鍵值❿ ≠ 1

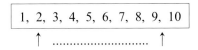

鍵值❿ ≠ 2

1, 2, 3, 4, 5, 6, 7, 8, 9, 10
↑

鍵值❿=10（成功找到了！）

【優點】 1.程式容易撰寫。

2.資料不需事先排序。

【缺點】 搜尋效率較差（平均次數 = $\dfrac{N+1}{2}$），因為不管資料順序為何，每次都必須要從頭到尾拜訪一次。

【演算法】

演算法：循序搜尋法

01	Procedure sequential_search(int list[], int n, int key)
02	Begin
03	for (i = 0; i < n; i++)　　//從頭到尾拜訪一次
04	if (list[i] == key)　　//比對陣列內的資料是否等於欲搜尋的條件
05	return i+1;　　//若找到符合條件的資料，就傳回其索引
06	return(-1);　　//若找不到符合條件的資料，就傳回 -1
07	End
08	End Procedure

【作法】

list[0]	list[1]	list[2]	list[3]	list[4]	……	list[n-1]
90	80	40	50	65	……	77

欲找鍵值key = 50　　　A[3]=key ∴在第四個位置找到鍵值key

【範例】請利用LeJOS程式來設計一個循序搜尋程式來找尋下列資料列，並顯示
　　　　「1」資料項在資料列的所在位置。

輸入資料：9,8,4,5,6,7,1,2。

輸出結果：1在陣列中的第7筆。

```
Your Numbers:
9 8 4 5 6 7 1 2
1 in array of 7
```

【LeJOS程式】

行號	程式檔名：ch6_4.java
01	import lejos.hardware.Button;
02	public class ch6_4 {
03	static int SearchValue=1;
04	static int NumID;
05	public static void main(String[] args)
06	{ //宣告及初值設定
07	int NumArray[]={9,8,4,5,6,7,1,2};
08	//循序搜尋程式
09	for(int i=0;i<NumArray.length;i++)
10	{
11	if(NumArray[i]==SearchValue)
12	NumID=i+1;

```
13              }
14         System.out.println("Your Numbers:");
15         for(int i=0;i<NumArray.length;i++)
16         {
17          System.out.print(" "+ NumArray[i]);
18         }
19         System.out.println();
20          System.out.print("1 in array of"+ NumID);
21         Button.waitForAnyPress();
22      }
23   }
```

【說明】

行號01：利用import關鍵字來引用Java的類別庫，亦即本程式所需要的類別。

行號03：定義巨集SearchValue常數為1，亦即要搜尋的資料。

行號04：宣告NumID為整數變數，NumID變數是用來記錄要找的資料，在陣列中的索引位置。

行號07：宣告NumArray為陣列變數，用來顯示「原始資料」的陣列，並且設定初值串列。

行號09~13：進行循序搜尋法，從第一個資料項開始依序取出與「鍵值Key」相互比較。

行號12：如果有找到時，則記錄它在陣列索引位置+1。

行號15~18：用來顯示「原始資料」。

行號20：顯示要找的資料，在陣列中的位置。

6-5　二維陣列

在前面所介紹一維陣列，可以視為直線方式來存取資料，這對於一般的問題都可以順利的處理，但是對於比較複雜的問題時，那就必須要使用二維陣列來處理。否則會增加程式的複雜度。例如：計算4位同學的5科成績之總分與平均的問題。

【定義】宣告陣列時，其括弧內的「註標」個數，有兩個時稱為「二維陣列」。

【語法】 資料型態[,] 陣列名稱=new資料型態[M,N];

【說明】M代表列數，N代表行數。

【舉例】int[][] Score = new int[4][5];

　　　　//列註標表示範圍：0~3 共有4列

　　　　///行註標表示範圍：0~4 共有5行

在宣告之後，主記憶的邏輯配置如下所示：

行 列	第0行	第1行	第2行	第3行	第4行
第0列	Score [0][0]	Score [0][1]	Score [0][2]	Score [0][3]	Score [0][4]
第1列	Score [1][0]	Score [1][1]	Score [1][2]	Score [1][3]	Score [1][4]
第2列	Score [2][0]	Score [2][1]	Score [2][2]	Score [2][3]	Score [2][4]
第3列	Score [3][0]	Score [3][1]	Score [3][2]	Score [3][3]	Score [3][4]

【存取方法】利用二維陣列中的兩個註標來表示。

【示意圖】

教室座位的排列方式	點名（第二排第一位）

6-5-1 二維陣列的儲存方式

【定義】陣列名稱之後加上「註標」即可存取陣列元素。

【語法】 陣列名稱[註標1][註標2]=資料來源;
【說明】(1)「陣列名稱」的命名規則和一般變數相同。

(2)「註標」必須是一數字型態。

【實作】假設我們現在2位同學，其成績如下：

第1位同學成績：60、65、70，第2位同學成績：80、85、90，請計算以上兩位同學的平均成績。

【LeJOS程式】第一種寫法「指定陣列大小」

行號	程式檔名：ch6_5_1A.java
01	import lejos.hardware.Button;
02	public class ch6_5_1A {
03	public static void main(String[] args) {
04	nt [] Avg=new int[2];
05	int[][] Score = new int[2][3];
06	Score[0][0]=60; Score[0][1]=65;Score[0][2]=70;
07	Score[1][0]=80; Score[1][1]=85;Score[1][2]=90;
08	for(int i=0;i<2;i++)
09	{
10	for(int j=0;j<3;j++)
11	{
12	Avg[i]=Avg[i]+Score[i][j];
13	}
14	System.*out*.println("Student"+ (i+1) + "=" + Avg[i]/3);
15	}
16	Button.*waitForAnyPress*();
17	}
18	}

【LeJOS程式】第二種寫法「未指定陣列大小」必須要搭配「初值串列設定」如果你想使用第二種寫法，就可以將上面程式碼中的行號05~07，匯集成一行如下行號05所示。

行號	程式檔名：ch6_5_1B.java
01	import lejos.hardware.Button;
02	public class ch6_5_1B {
03	public static void main(String[] args) {
04	------------------
05	int Score[][]={{60,65,70},{80,85,90}};
06	--------------------
07	<略>
08	}
09	}

6-5-2　二維陣列的初值設定

【定義】是指宣告陣列的同時並指定初值。

【目的】可以縮短程式的長度。

【語法】資料型別 陣列名稱[ ][ ] ={{初值串列1},{初值串列2},…,{初值串列n}};

【說明】宣告A是一個含有5個整數的陣列，其中初值為：

```
int[][] A = new int[3,3];
 A[0][0] = 1; A[0][1] = 2; A[0][2] = 3;
 A[1][0] = 4; A[1][1] = 5; A[1][2] = 6;
 A[2][0] = 7; A[2][1] = 8; A[2][2] = 9;
```

其寫法如下：int[][] A=new int[][]{{1,2,3},{4,5,6},{7,8,9}};

也可以簡寫為：int[] A ={{1,2,3},{4,5,6},{7,8,9}};

【LeJOS程式】

行號	程式檔名：ch6_5_2.java
01	import lejos.hardware.Button;
02	public class ch6_5_2 {
03	public static void main(String[] args) {

04	int [] Avg=new int[2];
05	int Score[][]={{60,65,70},{80,85,90}};
06	for(int i=0;i<2;i++)
07	{
08	for(int j=0;j<3;j++)
09	{
10	Avg[i]=Avg[i]+Score[i][j];
11	}
12	System.out.println("Student"+ (i+1) + "=" + Avg[i]/3);
13	}
14	Button.*waitForAnyPress*();
15	}
16	}

6-6 多維陣列的觀念

【定義】

宣告陣列時,其括弧內的「註標」個數是二個以上時,就稱為「多維陣列」。

【三維陣列的思維】

我們可以將「三維陣列」視為「多個」二維陣列的組合。其圖形為三度空間的立體圖形。

【示意圖】

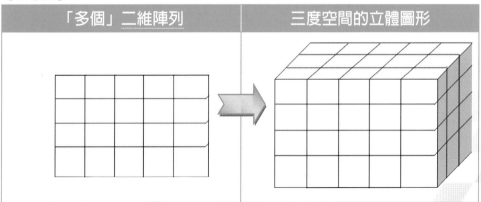

【語法】 資料型態[][][] 陣列名稱=new資料型態[L][M][N];

【說明】L代表二維陣列個數，M代表列數，N代表行數。

【舉例】 int[][][] Score = new int[3][4][5];

　　　 //二維陣列的個數： 0~2 共有3個二維陣列

　　　 //列註標表示範圍： 0~3 共有4列

　　　 //行註標表示範圍： 0~4 共有5行

【範例】設計一個某高中3次月考，全班4位同學的5個科目成績。利用三維陣列
　　　 來存取每人學生的成績。

　　　 int[][][] Score=new int[3][4][5];

月考次數　學生人數　科目數

【說明】1.此範例中Score陣列共有三個註標，故Score陣列是一個三維陣列。
　　　 宣告Score是由3個（0~2）二維陣列，每個二維陣列包含4列（0~3），
　　　 5行（0~4）組合而成的整數三維陣列。並且共計有3×4×5＝60元素。
　　　 如下圖所示：

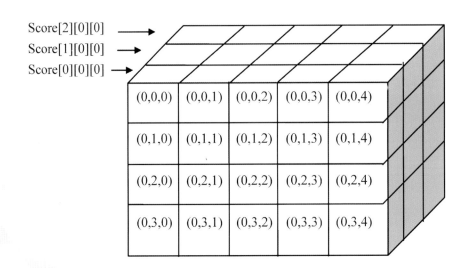

2.此範例中Score陣列共有三個註標，故Score陣列是一個三維陣列。

　　　其中，第一個註標為：二維陣列的個數0~2共有3個二維陣列

　　　第二個註標為：列註標表示範圍0~3共有4列

　　　第三個註標為：行註標表示範圍0~4共有5行

【註】基本上，三維陣列在實作時，必須要使用到三重迴圈來讀取資料，因此，

　　　會增加程式的複雜度，除非必要，否則建議使用二維陣列來完成即可。

第七章
副程式與自定函式

本章學習目標

1. 了解主程式與副程式的呼叫方式及如何傳遞參數。
2. 了解副程式與函數的差異及如何自定函數。

本章內容

第七章　副程式與自定函式

7-1　副程式（Subroutine）

　　當我們在撰寫程式時，都不希望重複撰寫類似的程式。因此，最簡單的作法，就是把某些會「重複的程式」獨立出來，這個獨立出來的程式就稱做副程式（Subroutine）或函數（Function）或方法（Method）。

【定義】是指具有獨立功能的程式區塊。

【作法】把一些常用且重複撰寫的程式碼，集中在一個獨立程式中。

【示意圖】

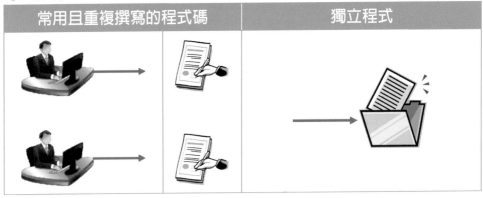

常用且重複撰寫的程式碼	獨立程式

　　在Java程式語言中稱為「方法（Method）」。這樣可以避免一再重複撰寫相似的程式碼，讓程式看起來更有結構，有利於日後的維護。筆者為了讓讀者更容易閱讀本節章的內容，因此，在本文中所看到的「函數（Function）」就是所謂的方法（Method）」。

【副程式的運作原理】

　　一般而言，「原呼叫的程式」稱之為「主程式」，而「被呼叫的程式」稱之為「副程式」。當主程式在呼叫副程式的時候，會把「實際參數」傳遞給副程式的「形式參數」，而當副程式執行完成之後，又會回到主程式呼叫副程式的「下一行程式」開始執行下去。

【圖解說明】

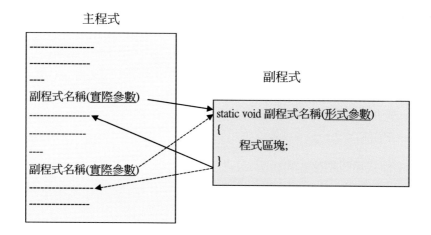

【說明】

1. 實際參數→實際參數1, 實際參數2, ..., 實際參數N。

2. 形式參數→形式參數1, 形式參數2, ..., 形式參數N。

3. 定義副程式時，可分為兩種：一種是「有傳回值」，另一種則是「無傳回值」。

   如果使用「無傳回值」時，就必須要在副程式名稱的前面加上「void」。

4. 主程式呼叫副程式時，不一定要傳遞參數。

5. 結束副程式的方式：

   (1) 副程式執行到右大括號「}」。

   (2) 副程式執行到return。

【優點】

1. 可以使程式更簡化，因為把重覆的程式模組化。

2. 增加程式可讀性。

3. 提高程式維護性。

4. 節省程式所占用的記憶體空間。

5. 節省重覆撰寫程式的時間。

【缺點】降低執行效率，因為程式會Call來Call去。

7-1-1 沒有傳遞參數的副程式

【定義】主程式呼叫副程式時，並沒有傳遞參數給副程式。

【優點】

1. 不需要額外宣告「實際參數」與「形式參數」。
2. 節省記憶體的堆疊空間。

【缺點】實用性與彈性較低。

【語法】

1. 主程式呼叫副程式的語法

```
public static void main(String[] args)
{
副程式名稱( );
}
```

2. 副程式的語法

```
static void 副程式名稱()
{
   程式區塊;
}
```

【範例】

請設計一個主程式呼叫一支副程式，如果成功的話，顯示「TestSub( ) ok！」。

【LeJOS程式】

行號	程式檔名：ch7_1_1.java
01	import lejos.hardware.Button;
02	public class ch7_1_1 {
03	public static void main(String[] args)
04	{ //主程式
05	MytestSub();　　//呼叫副程式
06	}

主程式

07	static void MytestSub()　//被呼叫的副程式
08	{　//副程式
09	System.*out*.println("TestSub() ok!");
10	Button.*waitForAnyPress*();
11	}
12	}

副程式

【注意】主程式呼叫副程式時，不一定要傳遞參數，如上面的範例中，主程式中
　　　　的MytestSub( )中並沒有參數的傳遞。

7-1-2　具有傳遞參數的副程式

【定義】主程式呼叫副程式的同時，「主程式」會傳遞參數給「副程式」。

【優點】提高副程式的實用性與彈性。

【缺點】

　　1. 需要額外宣告「實際參數」與「形式參數」。

　　2. 會占用到記憶體的堆疊空間。

【語法】

　　1. 主程式呼叫副程式的語法

```
public static void main(String[] args)
{
副程式名稱(參數1, 參數2, ...);
}
```

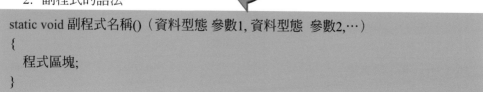

　　2. 副程式的語法

```
static void 副程式名稱() （資料型態 參數1, 資料型態 參數2,…）
{
　程式區塊;
}
```

【範例】

【LeJOS程式】

行號	程式檔名：ch7_1_2.java
01	import lejos.hardware.Button;
02	public class ch7_1_2 {
03	public static void main(String[] args)
04	{ //主程式
05	int a=10;int b=20;
06	MyAdd(a,b);　//呼叫副程式
07	}
08	static void MyAdd(int x,int y)　//被呼叫的副程式
09	{ //副程式
10	int sum=0;
11	sum = x + y;
12	System.*out*.println("x+y=" + sum);
13	Button.*waitForAnyPress*();
14	}
15	}

（主程式：行號03~07）
（副程式：行號08~14）

註：即使x與y參數的資料型態相同，也不可以合併宣告。否則會產生錯誤。

7-2　傳值呼叫（Call by Value）

是指主程式呼叫副程式時，主程式會將實際參數的「值」傳給副程式的形式參數，而不是傳送位址。因此，在副程式中改變了形式參數的值（內容）時，也不會影響到主程式的實際參數值（內容）。其運作原理如下所示：

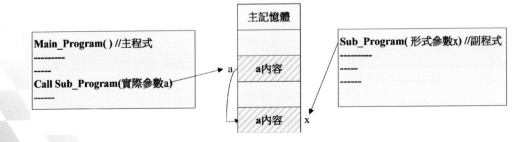

【語法】

　　1. 主程式呼叫副程式的語法

副程式名稱（參數1,參數2,…）

　　2. 副程式的語法

static void 副程式名稱(資料型態1 參數1, 資料型態2　參數2,…)
{
　　程式區塊;
}

【說明】在副程式中的形式參數，可以是變數及陣列。

【範例】傳值呼叫。

【LeJOS程式】

行號	程式檔名：ch7_2.java
01	import lejos.hardware.Button;
02	public class ch7_2 {
03	public static void main(String[] args)
04	{ //主程式
05	int a=10;int b=20;
06	System.*out*.println("==Call Before==");
07	System.*out*.println("a=" + a + " " + "b=" + b);
08	CallByValue(a, b);　//呼叫副程式
09	System.*out*.println("==Call After==");
10	System.*out*.println("a=" + a + " " + "b=" + b);
11	Button.*waitForAnyPress*();
12	}
13	static void CallByValue(int x,int y)　//被呼叫的副程式
14	{ //副程式
15	x = 100;
16	y = 200;
17	}
18	}

執行過程：

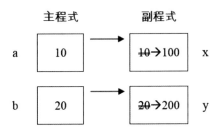

【說明】當主程式呼叫副程式時，實際參數a所占用的記憶體位址中的內容(值)
會傳遞給副程式中的形式參數x，而實際參數b傳送給形式參數y，因為
是傳值呼叫，所以主程式的實際參數與副程式的形式參數不會占用相同
的記憶體位址。因此，副程式中的形式參數值改變，也不會影響到主程
式中的實際參數值。

7-3　參考呼叫（Call by Reference）

是指主程式呼叫副程式時，主程式會將實際參數的「位址」傳給副程式的形
式參數，使得主程式與副程式共用相同的記憶體位址。其中「位址」若宣告為陣
列或物件時，則代表此種呼叫稱為「參考呼叫」。而在C語言中，此為「傳址呼
叫」（Call by Address）。

【運作原理】

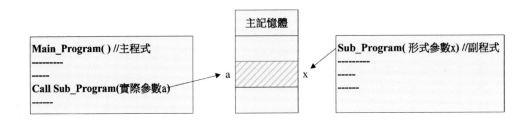

【語法】

(一) 主程式呼叫副程式的語法

副程式名稱（陣列名稱1, 陣列名稱2, ...）

(二) 副程式的語法

```
static void 副程式名稱（資料型態1 陣列名稱1, 資料型態2 陣列名稱2, ...）
{
    程式區塊;
}
```

【範例】參考呼叫。

【LeJOS程式】

行號	程式檔名：ch7_3.java
01	import lejos.hardware.Button;
02	public class ch7_3 {
03	public static void main(String[] args)
04	{ //主程式
05	int []a = new int[1];
06	int []b = new int[1];
07	a[0]=10; b[0]=20;
08	System.*out*.println("==Call Before==");
09	System.*out*.println("a=" + a[0] + " " + "b=" + b[0]);
10	CallByAddress(a, b); //呼叫副程式
11	System.*out*.println("==Call After==");
12	System.*out*.println("a=" + a[0] + " "+ "b=" + b[0]);
13	Button.*waitForAnyPress*();
14	}
15	static void CallByAddress(int x[], int y[]) //被呼叫的副程式
16	{ //副程式
17	x[0] = 100;
18	y[0] = 200;
19	}
20	}

【執行過程】

主程式與副程式（占用相同的記憶體位址）

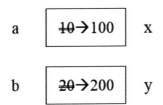

【說明】當主程式呼叫副程式時，實際參數a所占用的記憶體位址中的內容（位址）會傳遞給副程式中的形式參數x，而實際參數b傳送給形式參數y；因為是參考呼叫，所以主程式的實際參數與副程式的形式參數會占用相同的記憶體位址，因此，副程式中的形式參數值改變，也會影響到主程式中的實際參數值。

7-4　自定函式（Function）

【定義】

　　是指依照解決問題的需要來自行定義的「副程式」，稱為「自定函式」。

【副程式（Sub）與函式（Function）之差異】

　　1. 副程式不會傳回值。

　　2. 函式可以指定傳回值的資料型態給主程式，若無則傳回值型別以 void 表示。

【示意圖】

副程式（Sub）：不會傳回值	函式（Function）：會傳回值

【適用時機】內建函式沒有提供的功能，才有必要自定函式。

【函式的運作原理】

　　當「主程式」呼叫「函式」時，就會將執行控制權跳到該函式，等到函式執行完畢，再跳回主程式繼續未完的指令。

(一) 主程式呼叫自定函式的語法

　　第一種寫法：

變數名稱＝自定函式名稱（參數1,參數2, ...）;

【說明】

　　1. 將「自定函式名稱」直接指定給某一個「變數名稱」。

　　2. 「參數之串列」可以是「多個」數。

　　第二種寫法：

自定函式名稱（參數1,參數2, ...）;

(二) 自定函式的語法

❶　　　　　　　　❷

static 傳回值資料型態 函式名稱（型態1 參數1,型態2 參數2,…）
{
----
　　　　❸
----
return 運算式的結果;　//控制權回到呼叫函式的地方
}

【說明】1.自定函式通常它會包含：

　　　　　❶函式名稱。

　　　　　❷傳入參數（亦即形式參數）。

　　　　　❸傳回值。

　　　　　其函式內的「程式運作過程」有如「黑盒子」。

　　　　2.利用return來傳回值時，此函式並不需要等執行到右大括號「}」才會
　　　　　結束函式區塊。

【注意】主程式的「實際參數」名稱不一定要與自定函式的「形式參數」名稱相同。

【範例】利用自定函式來計算1+2+...+10的程式。

【LeJOS程式】

行號	程式檔名：ch7_4.java
01	import lejos.hardware.Button;
02	public class ch7_4 {
03	public static void main(String[] args) //主程式
04	{ //宣告及設定初值
05	int Sum, Max = 10;
06	//處理
07	Sum = MyFunction(Max); //呼叫自定函數
08	//輸出
09	System.*out*.println("1+2+...+10=" + Sum);
10	Button.*waitForAnyPress*();
11	}
12	static int MyFunction(int X) //被呼叫的副程式
13	{ //宣告
14	int i, total=0;
15	//處理
16	for(i = 1;i<=X;i++)
17	total = total + i;
18	return total; //控制權回到呼叫函數的地方
19	}
20	}

【說明】主程式呼叫副程式時，會把實際參數X傳遞給副程式的形式參數，等到
副程式全部執行完之後（計算出結果），才會回到主程式。

7-5 遞迴函數（Recursive）

【定義】

撰寫程式時，將程式模組化為一支獨立的函數，如果該函數可以反覆地自己
呼叫自己，我們稱這個函數為遞迴函數。

【作法】

1. 由上而下將一個大問題切割成若干小問題。

2. 小問題的資料量是大問題的縮小版。

【最典型的例子】

　　在遞迴函數中，最典型的例子就是計算n階乘的程式。

　　(一) 數學上：

　　n階乘的概念如下：

題目：$n!=n\times(n\text{-}1)\times(n\text{-}2)\times(n\text{-}3)\times\cdots\times1$	舉例：$5!=5\times4\times3\times\cdots\times1$
$n! = n\times(n\text{-}1)!$ $\quad=n\times[(n\text{-}1)\times(n\text{-}2)!]$ $\quad= n\times(n\text{-}1)\times[(n\text{-}2)\times(n\text{-}3)!]$ $\qquad\vdots$ $\therefore n!=n\times(n\text{-}1)\times(n\text{-}2)\times(n\text{-}3)\times\cdots\times1$	$5! =5\times4!$ $\quad= 5\times(4\times3!)$ $\quad=5\times4\times(3\times2!)$ $\quad=5\times4\times3\times(2\times1!)$ $\quad=5\times4\times3\times2\times(1!)\qquad\because 1!=1$ $\therefore 5!= 5\times4\times3\times2\times1$

【說明】 在撰寫一個n階乘的遞迴函數程式時，則該函數將具備兩個主要特徵：

　　　　1.該遞迴函數可以自己反覆地呼叫自己：

　　　　(1) 第一次呼叫時的參數為n。

　　　　(2) 第二次呼叫時的參數為$n\text{-}1$。

　　　　(3) 第三次呼叫時的參數為$n\text{-}2$。

　　　　(4) 參數的值會逐次遞減。

　　　　2.當參數值等於1時，必須停止遞迴呼叫。

　　(二) 演算法上：

　　n階乘的概念如下：

```
Procedure fact(int n)
Begin
    int result;
    if(n == 1) then result = 1;
    else
       result = n * fact(n-1);
     return result ;
  End
End Procedure
```

其遞迴函數呼叫的過程。如下圖所示：

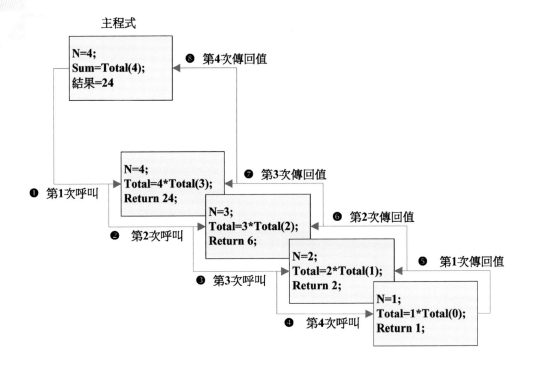

【說明】

　　當主程式呼叫Total(4)時，第一次進入Total函數中，N=4，則執行Total=N*Total(N-1)部份，因此，又是呼叫Total函數，所以N=3，則又執行Total=N*Total(N-1)部份，直到N=0時，Total=1，才開始Return回到上一層，逐一的回到原先呼叫它的副程式，並且將值傳回去。

【範例1】遞迴函數呼叫10! = 1×2×3×4×5×6×……×10。

【假設】階乘的公式如下：

$$f(n) = \begin{cases} 1 & , \ if \quad n = 1 \\ n \times f(n-1) & , \ if \quad n \geq 2 \end{cases}$$

【演算法】

演算法：n階乘	
01	Procedure fact(int n)
02	Begin
03	int Result;
04	if(n == 1) then result = 1;
05	else
06	result = n * fact(n-1);
07	return Result ;
08	End
09	End Procedure

【LeJOS程式】

行號	程式檔名：ch7_5A.java
01	import lejos.hardware.Button;
02	public class ch7_5A {
03	public static void main(String[] args) //主程式
04	{//宣告及設定初值
05	int Result, Max = 10;
06	//處理
07	Result = MyFunction(Max); //呼叫自定函數
08	//輸出
09	System.*out*.println("10!=" + Result);
10	Button.*waitForAnyPress*();
11	}
12	static int MyFunction(int N) //遞迴函數名稱
13	{
14	if (N ==0) //遞迴函數的終值
15	return 1;
16	else
17	return N * MyFunction(N - 1); //函數自己又可以呼叫自己
18	}
19	}

由以上的例子中，我們可以清楚的得知，遞迴函數的呼叫過程是不能無限次

的呼叫本身。否則會產生無窮迴圈。因此，基本上一個合乎演算法的遞迴函數必須要有下列條件：

1. 遞迴函數必須要設定「初值」與「終值」。例如：以上例子中，行號05中的Max=10就是「初值」設定；行號14中的if（N ==0）就是「終值」設定。

2. 遞迴函數必須要有更新值。例如：以上例子中，行號17中的MyFunction(N-1)。變數N的值每次都會遞減，且可以是常數。

3. 遞迴函數必須要自己呼叫自己。例如：以上例子中，行號07的遞迴函數名稱（MyFunction）必須要與行號12的函數呼叫相同。

【範例2】利用遞迴方式來撰寫Fibonacci Number（費氏數）的程式。

【提示】Fibonacci Number（費氏數）是指某一數列的第零項為0，第1項為1，其他每一個數列中項目的值是由本身前面兩項的值之和。

【假設】費氏數列的公式如下：

$$Fib(n) = \begin{cases} 0 & , \text{if } n=0 \\ 1 & , \text{if } n=1 \\ Fib(n-1)+Fib(n-2) & , \text{if } n \geq 2 \end{cases}$$

【說明】某一數為其前二個數的和。

【舉例】

假設我們現在想求出「費氏數列」第8項的費氏數列值。因此，我們就必須要先從第零項及第1項開始來推算，也就是第零項為0，第1項為1，開始計算。

【圖解說明】

n	0	1	2	3	4	5	6	7	8	……
$Fib(n)$	0	1	1	2	3	5	8	13	21	……

1. 數學上：Fibonacci（費氏數）的概念如下：

假設 $n_0=1$，$n_1=1$，則

$n_2 = n_1+n_0=1+1=2$

$n_3 = n_2+n_1=2+1=3$

$\vdots$

$\vdots$

$\therefore n_i = n_{i-1}+n_{i-2}$

2. 演算法上：Fibonacci（費氏數）的概念如下：

演算法：費氏數	
01	Procedure Fib(int n)
02	Begin
03	if(n=0) return 0;
04	if(n=1) return 1;
05	
06	if(n>=2) return Fib(n-1)+Fib(n-2);
07	End
08	End Procedure

【LeJOS程式】

行號	程式檔名：ch7_5B.java
01	import lejos.hardware.Button;
02	public class ch7_5B {
03	public static void main(String[] args) //主程式
04	{ //宣告及設定初值
05	int N = 6,Sum;
06	//處理
07	Sum = Total(N); //呼叫自定函數
08	//輸出
09	System.*out*.println("Sum=" + Sum);
10	Button.*waitForAnyPress*();
11	}

12	static int Total(int N) //函數名稱
13	{
14	if (N <= 2) //遞迴函數的終值
15	return 1;
16	else
17	return Total(N-2) + Total(N - 1); //函數自己又可以呼叫自己
18	}
19	}

【範例3】利用遞迴方式來撰寫18與15的「最大公因數」之程式。

【提示】一般在數學上找出最大公因數（Great Command Divisor），大多是利用尤拉的輾轉相除法，而輾轉相除法，又名「歐幾里德演算法」（Euclidean algorithm）乃求兩數之最大公因數演算法。

【作法】

利用兩數反覆相除，直到餘數為0時，再取其不為0的除數，即為最大公因數。

【數學式】

$$GCD(A,B)=\begin{cases} B & \text{，若}A\%B=0 \\ GCD(B, A \% B) & \text{，若其他情況} \end{cases}$$

其中%代表取餘數

【演算法】

演算法：最大公因數

01	Procedure GCD (int a,int b)
02	Begin
03	c = a % b;
04	if (c == 0)　　　　//判斷餘數是否為0
05	return b;　　　　//將取其不為0的除數，即為最大公因數
06	
07	else
08	return GCD(b, c); //函式自己又可以呼叫自己

09	End
10	End Procedure

以下範例說明輾轉相除法過程：以18及15為例，必須要利用「輾轉相除法」，求最大公因數。其概念如下所示：

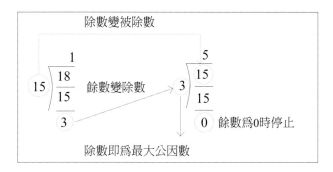

【LeJOS程式】

行號	程式檔名：ch7_5C.java
01	import lejos.hardware.Button;
02	public class ch7_5C {
03	public static void main(String[] args) //主程式
04	{ //宣告及設定初值
05	int a=18,b=15;
06	//處理及輸出
07	System.*out*.println("MaxFacter=" + MaxFacter(a, b));
08	Button.*waitForAnyPress*();
09	}
10	static int MaxFacter(int a,int b) //函數名稱
11	{
12	int c;
13	c = a % b; //取餘數
14	if (c == 0)
15	return b;
16	else
17	return MaxFacter(b, c); //函數自己又可以呼叫自己
18	}
19	}

7-6　內建函數（Built-in）

【定義】內建函數就是在 LeJOS 程式中「預先寫好的程式」。

【目的】可以讓我們很方便的直接使用。

【舉例】利用 Math.random() 亂數類別來取得某一特定範圍的亂數，以設計一台
　　　　行駛方向或速度不規則的機器人。

【常見的內建函數】

1. 字串函數。
2. 數學函數。
3. 亂數函數。
4. 聲音函數。
5. 繪圖函數。
6. 陣列函數。
7. 系統時間函數。

以上各種內建函數的詳細介紹，請參閱第八章內容。

第八章
內建類別及函數庫的應用

本章學習目標

1. 了解「內建類別」的種類及各種應用。
2. 了解「內建函數」的種類及各種應用。

本章內容

第八章　內建類別及函數庫的應用

　　函數是另一種特殊形式的副程式，這種副程式有的存在於Java的語言系統裡，稱爲「內建類別函數庫」，我們曾經使用過的Math.random()等等，就是Java的內建類別函數庫，另一種函數就像副程式一樣可以由我們自己定義的，稱爲「自定函數」。一般而言，善加利用函數，可以節省軟體開發的時間與成本，並且可以讓程式容易修改與維護。

　　在Java中，有提供一系列的「內建類別函數庫」來供設計者使用，大致上可以分爲字串類別、轉換類別、數值類別及日期類別。

8-1　字串類別（String）

　　在我們撰寫程式時，時常需要字串函數來取出字串中的某一部份爲子字串。例如我們要判斷使用者輸入的身份證字號，來顯示他們的性別，因此我們就必須要利用chartAt(1)方法來取得身份證字號的第二個字元，如果是「1」則爲男生，如果是「2」則爲女生。其常見的字串類別(String)之方法如下表所示：

【字串類別（String）表】

方法	功能說明
8-1.1　charAt()方法	取得字串指定的字元
8-1.2　length方法	取得字串的總字元數
8-1.3　contentEquals ( ) 方法	比較兩個字串的ASCII碼的大小
8-1.4　startsWith( ) 方法	字串開頭比對
8-1.5　substring( ) 方法	取得字串中的子字串
8-1.6　toLower( ) 方法	字母轉成小寫
8-1.7　toUpper( ) 方法	字母轉成大寫

8-1-1　charAt 方法

【語法】char c=str.charAt（索引）

【說明】取出字串中某一字元。

【注意】指定位置之索引是從0開始。

【範例】取出身份證字號的第2個字元。

程式檔案名稱	ch8_1_1.java
01	import lejos.hardware.Button;
02	public class ch8_1_1 {
03	public static void main(String[] args)
04	{
05	String str="A123456789";
06	char c=str.charAt(1);
07	System.*out*.println("ID:" + str);
08	System.*out*.println("Secound word:" + c);
09	Button.*waitForAnyPress*();
10	}
11	}

【執行結果】

```
ID:A123456789
Secound word:1
```

8-1-2　length方法

【語法】len=str.length();

【說明】計算字串的總字元數。

【範例1】計算身份證字號的內容字數。

程式檔案名稱	ch8_1_2A.java
01	import lejos.hardware.Button;
02	public class ch8_1_2A {
03	public static void main(String[] args)
04	{
05	String str="A123456789";
06	int len=str.length();
07	System.*out*.println("Your ID=" + len + " words");
08	Button.*waitForAnyPress*();
09	}
10	}

【執行結果】

Your ID=10 words

【實例2】請設計一個檢查身份證字號的字數之程式，如果非10個字，則顯示ID
錯誤。

程式檔案名稱	ch8_1_2B.java
01	import lejos.hardware.Button;
02	public class ch8_1_2B {
03	public static void main(String[] args)
04	{
05	String str="A12345";
06	int len=str.length();
07	if(len!=10)
08	System.*out*.println("Your ID Error!");
09	Button.*waitForAnyPress*();
10	}
11	}

【執行結果】

Your ID Error!

8-1-3 contentEquals ( ) 方法

【語法】str1.contentEquals (str2);

【說明】比較str1字串與str2字串是否相同，其比較結果有兩種情況：

1. str1與str2兩字串相同時，則傳回true。

2. str1與str2兩字串不相同時，則傳回false。

【範例】判斷str1字串是否有包括指定的str2字串。

程式檔案名稱	ch8_1_3A.java

```
01    import lejos.hardware.Button;
02    public class ch8_1_3A {
03        public static void main(String[] args)
04        {
05          String str1 = "12345";
06          String str2 = "12345";
07          boolean  Result;
08          Result = str1.contentEquals(str2);
09          if (Result ==true )
10            System.out.println(str1 + " Equal " +str2);
11          else
12            System.out.println(str1 + " not Equal" +str2);
13          Button.waitForAnyPress();
14        }
15    }
```

【執行結果】

```
12345 Equal 12345
```

8-1-4　startsWith( ) 方法

【語法】str1.startsWith(str2);

【說明】字串開頭比對，其比較結果有兩種情況：

1. str1的開頭是str2時，則傳回true。

2. str1的開頭不是str2時，則傳回false。

【範例】

程式檔案名稱	ch8_1_4.java

```
01    import lejos.hardware.Button;
02    public class ch8_1_4 {
03        public static void main(String[] args)
04        {
05          String str1 = "Lego NXT";
06          String str2 = "Lego";
```

07	boolean Result;
08	Result = str1.startsWith(str2);
09	if (Result == true)
10	System.*out*.println(str1 + " is " + str2);
11	else
12	System.*out*.println(str1 + " is not " + str2);
13	Button.*waitForAnyPress*();
14	}
	}

【執行結果】

Lego NXT is Lego

8-1-5　substring( ) 方法

【語法】str1.substring(m,n);

【說明】取得字串中的子字串，其中m代表Str1的起始索引值，n-1代表結束索引值。

【範例1】

程式檔案名稱	ch8_1_5A.java
01	import lejos.hardware.Button;
02	public class ch8_1_5A {
03	public static void main(String[] args)
04	{
05	String str = "I love Java!";
06	int m=2;
07	int n=11;
08	String Result;
09	Result = str.substring(m,n);
10	System.*out*.println("Result=" + Result);
11	Button.*waitForAnyPress*();
12	}
13	}

【執行結果】

Result=love Java

【範例2】請設計數字三角形。

程式檔案名稱	ch8_1_5B.java

```
01   import lejos.hardware.Button;
02    public class ch8_1_5B {
03       public static void main(String[] args)
04       {
05        String str = "12345";
06        int i;
07        for(i = 0;i<=str.length()-1;i++)
08          System.out.println(str.substring(0, i+1));
09        Button.waitForAnyPress();
10       }
11     }
```

【執行結果】

```
1
12
123
1234
12345
```

【範例3】請設計一個可以判斷身份證字號是屬於男生或女生的程式。

程式檔案名稱	ch8_1_5C.java

```
01   import lejos.hardware.Button;
02    public class ch8_1_5C {
03       public static void main(String[] args)
04       {
05        String str = "A123456789";
06        String Result;
07        Result= str.substring(1,2);  //起始索引從開始
08        if (Result.equals("1"))
09          System.out.println("Men");
10        else
11          System.out.println("Women");
12        Button.waitForAnyPress();
13       }
14     }
```

【執行結果】

> Men

【範例4】迴文判斷（利用字串連結）。

【說明】

    1. 輸入範例：12321。

    2. 輸出報表：12321是迴文。

【範例4】

程式檔案名稱	ch8_1_5D.java

```
01    import lejos.hardware.Button;
02    public class ch8_1_5D {
03        public static void main(String[] args)
04        {
05          String D1, D2="", D3;
06          int i;
07          D1 = "12321";
08          D3 = D1;
09          for(i =D1.length()-1; i>=0; i--)
10            D2 = D2 + D1.substring(i,i+1);    //代表一次取一個字元
11          if (D2.equals(D3))
12            System.out.println(D3 + " is Palindrome.");
13          else
14            System.out.println(D3 + " is not Palindrome.");
15          Button.waitForAnyPress();
16        }
17    }
```

【執行結果】

> 12321 is Palindrome.

【範例5】請設計一個可以計算字串中某些字出現的次數。

程式檔案名稱	ch8_1_5E.java
01	import lejos.hardware.Button;
02	public class ch8_1_5E {
03	public static void main(String[] args)
04	{
05	String str= "Computer And Information";
06	int i, t=0;
07	String Result;
08	for(i = 0;i<=str.length()-1;i++)
09	{
10	Result=str.substring(i,i+1);
11	if(Result.equals("m"))
12	t+=1;
13	}
14	System.out.println("Have " + t + " 'm' words");
15	Button.waitForAnyPress();
16	}
17	}

【執行結果】

Have 2'm' words

8-1-6　toLowerCase( ) 方法

【語法】str1.toLowerCase( );

【說明】字母轉成小寫。

【範例】

程式檔案名稱	ch8_1_6.java
01	import lejos.hardware.Button;
02	public class ch8_1_6 {
03	public static void main(String[] args)
04	{
05	String str= "I LOVE LEGO";

06	String Result;
07	Result=str.toLowerCase();
08	System.*out*.println(str + " ==> " + Result);
09	Button.*waitForAnyPress*();
10	}
	}

【執行結果】

I LOVE LEGO ==>i love lego

8-1-7　ToUpper( ) 方法

【語法】Str1. ToLower( );

【說明】字母轉成大寫。

【範例】

程式檔案名稱	ch8_1_7.java
01	import lejos.hardware.Button;
02	public class ch8_1_7 {
03	public static void main(String[] args)
04	{
05	String str= "I love lego";
06	String Result;
07	Result=str.toUpperCase();
08	System.*out*.println(str + " ==> " + Result);
09	Button.*waitForAnyPress*();
10	}
	}

【執行結果】

I love lego ==> I LOVE LEGO

8-2 數值類別（Math）

System.Math命名空間中的Math類別，提供了很多和數學有關的函數。在我們利用程式來處理數值性的資料時，如果能夠善加利用Java內建的數值函數時，則可以節省許多時間。例如欲求某一個數值的絕對值時，如果利用 if 結構來撰寫也可以達到此目標，但必須要撰寫較多的程式；但是，如果利用Math.abs (x);函數就可以輕易取得絕對值。其數值函數列表如下：

函數名稱	功能說明
Math.abs (x);	取x的絕對值
Math.sin (x); Math.cos(x) Math.tan (x)	正三角函數
Math.asin(x) Math.acos(x) Math.atan(x)	反三角函數
Math.exp (x);	取e的x次方（約為2.71828）
Math.floor (x);	取≦x的最大整數值
Math.log (x);	取x以e為底數的對數值
Math.max(x,y);	取x與y較大者
Math.min(x,y);	取x與y較小者
Math.pow(x,y);	取x的y次方
Math.round(x);	可依照指定所求出x的小數點位數並四捨五入
Math.sqrt(x);	取x的平方根
Math.ceil(x);	取≧x的最小整數值
Math.PI;	取得圓周率π值
Math.E;	取得指數e值（約為2.71828）

8-2-1 Math.abs (x)取絕對值

【語法】Math.abs (x)

【說明】取x的絕對值。

【舉例】

程式檔案名稱	ch8_2_1A.java

```
01    import lejos.hardware.Button;
02     public class ch8_2_1A {
03         public static void main(String[] args)
04         {
05          System.out.println("Abs(100)=" + Math.abs(100));       //印出：100
06          System.out.println("Aabs(-100)=" + Math.abs(-100));    //印出：100
07          System.out.println("Aabs(-3.14)=" + Math.abs(-3.14));  //印出：3.14
08          System.out.println("Abs(0.11)=" + Math.abs(0.11));     //印出：0.11
09          System.out.println("Abs(0)=" + Math.abs(0));           //印出：0
10          Button.waitForAnyPress();
11         }
12     }
```

【執行結果】

```
Abs(100)=100
Abs(-100)=100
Abs(-3.14)=3.14
Abs(0.11)=0.11
Abs(0)=0
```

【範例】請設計一個以星號堆疊成K字型的圖。

【解答】

程式檔案名稱	ch8_2_1B.java

```
01    import lejos.hardware.Button;
02     public class ch8_2_1B {
03         public static void main(String[] args)
04         {
05             int i, j;
06             for(i = -3;i<=3;i++)
```

07	{
08	for(j = 1;j<=Math.*abs*(i) + 1;j++)
09	System.*out*.print("*"); //連續列印
10	System.*out*.println(); //換行
11	}
12	Button.*waitForAnyPress*();
13	}
14	}

【執行結果】

```
****
***
**
*
**
***
****
```

8-2-2 Math.sin ( )、Math.cos ( )、Math.tan ( )正三角函數

【語法1】Sin_value= Math.sin(X)　　//傳回X數值的正弦值

【語法2】Cos_value= Math.cos(X)　　//傳回X數值的餘弦值

【語法3】Tan_value= Math.tan(X)　　//傳回X數值的正切值

【說明】將角度轉成徑度的計算公式如下所示:

　　　　徑度 = 角度*PI / 180,

　　　　其中PI是指圓周率3.14159265358979。

【舉例】

程式檔案名稱	ch8_2_2.java
01	import lejos.hardware.Button;
02	public class ch8_2_2 {
03	public static void main(String[] args)
04	{

05	double PI= 3.14159265358979F;
06	System.*out*.println ("Sin(30)=" + Math.*sin*(30 * PI / 180));
07	System.*out*.println("Cos(30)=" + Math.*cos*(30 * PI / 180));
08	System.*out*.println("Tan(45)=" + Math.*tan*(45 * PI / 180));
09	Button.*waitForAnyPress*();
10	}
11	}

【執行結果】

```
Sin(30)=0.5
Cos(30)=0.867
Tan(45)=1.0
```

8-2-3 Math.asin ( )、Math.acos ( )、Math.atan ( )反三角函數

【語法】 1. Sin_value= Math.asin(X)   //傳回X數值的反正弦值

　　　 2. Cos_value= Math.acos(X)   //傳回X數值的反餘弦值

　　　 3. Tan_value= Math.atan(X)   //傳回X數值的反正切值

【說明】將角度轉成徑度的計算公式如下所示：

　　　 徑度 = 角度*PI / 180，

　　　 其中PI是指圓周率3.14159265358979。

【舉例】

程式檔案名稱	ch8_2_3.java
01	import lejos.hardware.Button;
02	public class ch8_2_3 {
03	public static void main(String[] args)
04	{
05	double PI= 3.14159265358979;
06	System.*out*.println ("Sin(30)=" + Math.*asin*(30 * PI / 180));
07	System.*out*.println("Cos(30)=" + Math.*acos*(30 * PI / 180));
08	System.*out*.println("Tan(45)=" + Math.*atan*(45 * PI / 180));
09	Button.*waitForAnyPress*();
10	}
11	}

【執行結果】

```
Asin(30)=0.55
Acos(30)=1.02
Atan(45)=0.67
```

8-2-4　Math.exp (x)指數函數

【語法】Exp_value=Math.exp(x)　　　//傳回e的x次方，也就是e^x

【說明】e的值是2.71828182845905，當x > 709.782712893時，將會產生溢位。因為超出Double（雙精準度）的表示範圍。

【舉例】

程式檔案名稱	ch8_2_4.java
01	import lejos.hardware.Button;
02	public class ch8_2_4 {
03	public static void main(String[] args)
04	{
05	System.*out*.println("Exp(1)=" + Math.*exp*(1));
06	System.*out*.println("Exp(2)=" + Math.*exp*(2));
07	Button.*waitForAnyPress*();
08	}
09	}

【執行結果】

```
Exp(1)=2.71828182845905
Exp(2)=7.38905609893065
```

【註】程式中的Math.exp(2)在數學上是寫成e^2。

8-2-5　Math.floor ( )取≦x的最大整數值

【語法】Math.floor (x);

【說明】取≦x的最大整數值。

【舉例】

程式檔案名稱	ch8_2_5.java

```
01    import lejos.hardware.Button;
02     public class ch8_2_5 {
03          public static void main(String[] args)
04          {
05              System.out.println("Math.floor(99.9)=" + Math.floor(99.9));
06              System.out.println("Math.floor(-99.9)=" + Math.floor(-99.9));
07              System.out.println("Math.floor(1.99)=" + Math.floor(1.99));
08          Button.waitForAnyPress();
09          }
10      }
```

【執行結果】

```
Math.floor(99.9)=99
Math.floor(-99.9)=-100
Math.floor(1.99)=1
```

8-2-6　Math.log ( )取對數值

【語法】Math.log (x);

【說明】取x以e為底數的對數值，而Log與Exp互為反函數➔Exp(Log(x)) = Log(Exp(x))。

在數學上的e^x =Y 則 $Log_e Y=x$ ，也就是說：如果Y= Exp(x)時，則x= Log(Y)。

【舉例】

程式檔案名稱	ch8_2_6.java

```
01    import lejos.hardware.Button;
02     public class ch8_2_6 {
03        public static void main(String[] args)
04        {
05          System.out.println("Exp(Log(100))=" + Math.exp(Math.log(100)));
06          Button.waitForAnyPress();
07        }
08      }
```

【執行結果】

Exp(Log(100))=100

8-2-7　Math.max( )取較大者

【語法】Math.max(x,y);

【說明】取x與y較大者。

【舉例】

程式檔案名稱	ch8_2_7.java

```
01    import lejos.hardware.Button;
02    public class ch8_2_7 {
03        public static void main(String[] args)
04        {
05           System.out.println("Max(10,20)=" + Math.max(10,20));
06           Button.waitForAnyPress();
07        }
08    }
```

【執行結果】

Max(10,20)=20

8-2-8　Math.min ( )取較小者

【語法】Math.min(x,y);

【說明】取x與y較小者。

【舉例】

程式檔案名稱	ch8_2_8.java

```
01    import lejos.hardware.Button;
02    public class ch8_2_8 {
03        public static void main(String[] args)
04        {
05           System.out.println("Min(10,20)=" + Math.min(10,20));
```

06	Button.*waitForAnyPress*();
07	}
08	}

【執行結果】

Min(10,20)=10

8-2-9　Math. pow ( )取次方

【語法】Math.pow(x,y);

【說明】取x的y次方。

【舉例】

程式檔案名稱	ch8_2_9.java
01	import lejos.hardware.Button;
02	public class ch8_2_9 {
03	public static void main(String[] args)
04	{
05	System.*out*.println("Pow(2,10)=" + Math.*pow*(2, 10));
06	Button.*waitForAnyPress*();
07	}
08	}

【執行結果】

Pow(2,10)=1024

8-2-10　Math. round ( )取四捨五入

【語法】Math.round(x);

【說明】

1. 可依照指定所求出X的小數點位數並四捨五入，如果X數值小數點右邊第一位是大於5時，則X數值的整數部份會加1。

2. 在程式語言中，X數值的四捨五入是指X > 5，如果X = 5，則會被捨去。如下面的例子所示：

【舉例】

程式檔案名稱	ch8_2_10.java

```
01    import lejos.hardware.Button;
02    public class ch8_2_10 {
03        public static void main(String[] args)
04        {
05            System.out.println ("Round(10.15)=" + Math.round(10.15)) ;
06            System.out.println ("Round(1.51)=" + Math.round(1.51));
07            Button.waitForAnyPress();
08        }
09    }
```

【執行結果】

```
Round(10.15)=10
Round(1.51)=2
```

8-2-11　Math.sqrt ( )取平方根

【語法】Math.sqrt(x);

【說明】取x的平方根，x必須≧0，否則程式會產生錯誤，程式中的Math.sqrt(x)是數學上的$x^{1/2}$。

【舉例】

程式檔案名稱	ch8_2_11.java

```
01    import lejos.hardware.Button;
02    public class ch8_2_11 {
03        public static void main(String[] args)
04        {
05            System.out.println("Sqrt(2)=" + Math.sqrt(2));
06            System.out.println("Sqrt(4)=" + Math.sqrt(4));
07            System.out.println("Sqrt(8)=" + Math.sqrt(8));
08            Button.waitForAnyPress();
09        }
10    }
```

【執行結果】

```
Sqrt(2)=1.4142135623731
Sqrt(4)=2
Sqrt(8)=2.82842712474619
```

8-2-12　Math.ceil ( )取≧x的最小整數值

【語法】Math.ceil(x);

【說明】取≧x的最小整數值。

【舉例】

程式檔案名稱	ch8_2_12.java
01	import lejos.hardware.Button;
02	public class ch8_2_12 {
03	public static void main(String[] args)
04	{
05	System.*out*.println("Ceil(99.9)=" + Math.*ceil*(99.9));
06	System.*out*.println("Ceil(-99.9)=" + Math.*ceil*(-99.9));
07	System.*out*.println("Ceil(1.99)=" + Math.*ceil*(1.99));
08	Button.*waitForAnyPress*();
09	}
10	}

【執行結果】

```
Ceil (99.9)=100
Ceil (-99.9)=-99
Ceil (1.99)=2
```

8-2-13　Math.PI取圓周率

【語法】Math.PI;

【說明】取得圓周率 π 值。

程式檔案名稱	ch8_2_13.java
01	import lejos.hardware.Button;
02	public class ch8_2_13 {
03	public static void main(String[] args)
04	{
05	System.*out*.println("PI=" + Math.PI);
06	Button.*waitForAnyPress*();
07	}
08	}

【執行結果】PI=3.141592...。

8-2-14 Math.E 取指數

【語法】Math.E;

【說明】取得指數e值。

程式檔案名稱	ch8_2_14.java
01	import lejos.hardware.Button;
02	public class ch8_2_14 {
03	public static void main(String[] args)
04	{
05	System.*out*.println("Math.E=" + Math.E);
06	Button.*waitForAnyPress*();
07	}
08	}

【執行結果】PI=2.71828...。

8-3 亂數類別（Random）

【定義】是指電腦每次產生不同的數值稱之。

【範圍】0≦Math.random()<1 ；亦即產生一個大於或等於0，但小於1的數值。

【語法】如果我們要取得某一特定範圍的亂數時，我們可以套用以下的公式：

Math.random()*(上限-下限+1)+下限;

【例如】如果我們拿投擲骰子的每一個點當作1到6的亂數，其上限值為6；下限
值為1，則我們可以套用上面的公式得：

Math.random()*(6-1+1)+1;

或簡化為：Math.random()*6+1;

【範例1】從1~100之中來自動產生6個亂數值。

【LeJOS程式】

行號	程式檔名：ch8_3A.java
01	import lejos.hardware.Button;
02	public class ch8_3A {
03	public static void main(String[] args) //主程式
04	{ //宣告及設定初值
05	int[] A = new int[11];
06	int i;
07	System.*out*.println("==Random(1~6)==");
08	System.*out*.println();
09	//處理
10	for (i = 1; i <= 8; i++)
11	{
12	A[i] =(int)(Math.*random*()*6)+1; //產生1~6的整數亂數值
13	System.*out*.print(A[i] + " ");
14	}
15	Button.*waitForAnyPress*();
16	}
17	}

【範例2】請利用Random 亂數函數來模擬投擲20次骰子，並統計出各點出現的
次數。

第一次投擲20次骰子	第二次投擲20次骰子

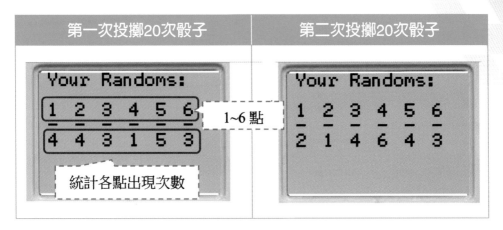

1~6 點

統計各點出現次數

【LeJOS程式】

行號	程式檔名：ch8_3B.java
01	import lejos.hardware.Button;
02	public class ch8_3B {
03	public static void main(String[] args) //主程式
04	{ //宣告陣列與變數
05	int[] RandomArray = new int[20];
06	int i,RandValue;
07	//處理(投擲20次來產生20個亂數)
08	for (i = 1; i <= 20; i++)
09	{
10	RandValue=(int)(Math.*random*()*6)+1; //產生1~6的整數亂數值
11	RandomArray[RandValue]+=1;
12	}//for
13	System.*out*.println("Your Randoms:");
14	//顯示1~6的標題字串
15	for(i=1;i<=6;i++)
16	{
17	System.*out*.print(i);
18	System.*out*.print(" ");
19	}
20	System.*out*.println(); //換行
21	//顯示分格線
22	for(i=1;i<=12;i++)
23	System.*out*.print("-");
	System.*out*.println();//換行
	//統計出各點出現的次數
	for(i=1;i<=6;i++)

24	{
25	System.*out*.print(RandomArray[i]);
26	System.*out*.print(" ");
27	}
28	//等待使用者按下EV3主機的任何鍵
29	Button.*waitForAnyPress*();
30	}
	}

【範例3】請設計一個樂透開獎的程式。從1到49當中選出六個不重複的號碼

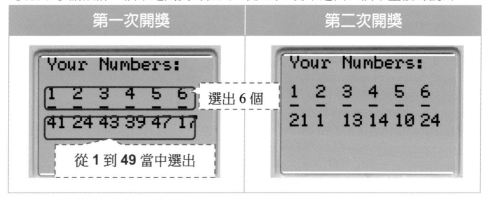

| 第一次開獎 | 第二次開獎 |

選出 6 個

從 **1** 到 **49** 當中選出

【LeJOS程式】

行號	程式檔名：ch8_3C.java
01	import lejos.hardware.Button;
02	public class ch8_3C {
03	public static void main(String[] args) //主程式
04	{ //宣告陣列與變數
05	int[] RandomArray = new int[49];
06	int i,t,RandValue;
07	//處理(投擲6次來產生6個亂數)並且不重複的方式
08	for(i=1;i<=6;i++)
09	{
10	RandValue=(int)(Math.*random*()*49)+1; //產生1~49的亂數值
11	t=1;
12	do
13	{
	if (RandValue==RandomArray[t])
	{

14	RandValue=(int)(Math.*random*()*49)+1; //產生1~49的亂數值
15	t=1;
16	}
17	else
18	{
19	t=t+1;
20	}
21	}while(t<6);
22	RandomArray[i]=RandValue;
23	}//for
24	System.*out*.println("Your Randoms:");
25	//顯示1~6的標題字串
26	for(i=1;i<=6;i++)
27	{
28	System.*out*.print(i);
29	System.*out*.print(" ");
30	}
31	System.*out*.println();//換行
32	//顯示分格線
33	for(i=1;i<=16;i++)
34	System.*out*.print("-");
35	System.*out*.println();//換行
36	//統計出各點出現的次數
37	for(i=1;i<=6;i++)
38	{
39	System.*out*.print(RandomArray[i]);
40	System.*out*.print(" ");
41	}
	Button.*waitForAnyPress*();
	}
	}

8-4　LCD螢幕顯示類別

　　在前面的單元中,已經學會螢幕的基本輸出指令(print()與println()),接下來,筆者再來介紹螢幕顯示類別(LCD),其主要目的是讓我們更容易控制輸出的內容及位置。

【引用套件】

```
import lejos.hardware.lcd.LCD;
```

【EV3螢幕解析度】

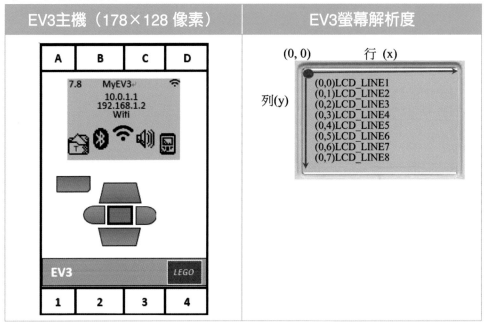

EV3主機（178×128 像素）	EV3螢幕解析度

【說明】

　　在上圖中左邊，**EV3主機**的螢幕為**178×128**像素，我們可以放大來分析，如右圖。左上角是原點座標(0, 0)，向右延伸的方向是x軸，亦即行數，其最大值是16行；向下延伸的方向是y軸，亦即列數，其最大值是8列；

【LCD類別的常用方法列表】

方法	功能說明
8-4-1 drawChar(char c,int x,int y);	輸出單一字元
8-4-2 drawString(String str,int x,int y);	輸出字串
8-4-3 drawInt(int i,int x,int y);	輸出數字資料
8-4-4 clear( );	清除螢幕

8-4-1　drawChar( )方法

【語法】drawChar (char c,int x,int y);

【說明】在螢幕上「輸出字元(c)」到指定的位置(x,y)。

【範例】請將字元A，輸出到螢幕的左上角(0,0)。

程式檔案名稱	ch8_4_1.java
01	import lejos.hardware.*;
02	import lejos.hardware.lcd.LCD;
03	public class ch8_4_1 {
04	public static void main(String[] args)
05	{
06	LCD.*drawChar*('A', 0, 0);
07	Button.*waitForAnyPress*();
08	}
09	}

【注意】左上角(0,0)代表在螢幕上的第1列第1行。

【執行結果】

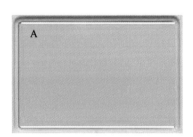

8-4-2　drawString( )方法

【語法】drawString (String str,int x,int y);

【說明】在螢幕上「輸出字串（str）」到指定的位置(x,y)。

【實例】請將字串（I love Lego），輸出到螢幕的中間(2,3)。

程式檔案名稱	ch8_4_2.java
01	import lejos.hardware.*;
02	import lejos.hardware.lcd.LCD;
03	public class ch8_4_2 {

04	public static void main(String[] args)
05	{
06	LCD.*drawString*("I love Lego",2,3);
07	Button.*waitForAnyPress*();
08	}
09	}

【執行結果】

8-4-3 drawInt( )方法

【語法】drawInt (int i,int x,int y);

【說明】在螢幕上「輸出數字(i)」到指定的位置(x,y)。

【範例】請利用亂數函數來產生1~6的數字到螢幕的中間。

程式檔案名稱	ch8_4_3.java
01	import lejos.hardware.*;
02	import lejos.hardware.lcd.LCD;
03	public class ch8_4_3 {
04	public static void main(String[] args)
05	{
06	int randValue=0;
07	randValue =(int)(Math.*random*()*6)+1;
08	LCD.*drawInt*(randValue,8,3);
09	Button.*waitForAnyPress*();
10	}
11	}

8-4-4 clear( )方法

【語法】clear( );

【說明】清除螢幕內容。

【實例】承上一題，再讓亂數值每一秒顯示一次到螢幕的中間。

程式檔案名稱	ch8_4_4.java

```java
01  import lejos.hardware.*;
02  import lejos.hardware.lcd.LCD;
03  import lejos.utility.Delay;
04   public class ch8_4_4 {
05      public static void main(String[] args)
06      {
07          int randValue=0;
08          for (int i = 1; i <= 6; i++)
09          {
10             randValue =(int)(Math.random()*6)+1;
11             LCD.drawInt(randValue,8,3);
12             Delay.msDelay(1000);
13             LCD.clear();
14          }
15          LCD.drawString("Run Over!",2,3);
16          Button.waitForAnyPress();
17      }
18   }
```

8-5 按鈕類別

在EV3主機上的按鈕中，共有四種「按鈕屬性」：

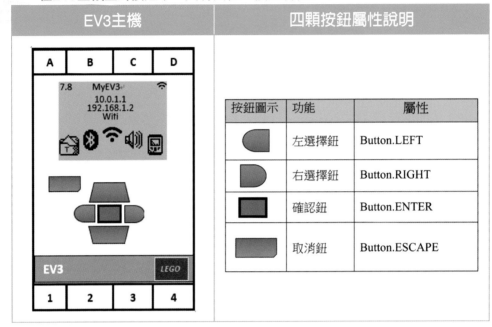

EV3主機	四顆按鈕屬性說明

按鈕圖示	功能	屬性
	左選擇鈕	Button.LEFT
	右選擇鈕	Button.RIGHT
	確認鈕	Button.ENTER
	取消鈕	Button.ESCAPE

在以上四種按鈕類別中，每一種類別都有共同的方法，其最常被使用如下：

【EV3主機按鈕類別的常用方法列表】

方法	功能說明
8-5-1 isDown( )	檢查是否「按下」EV3主機上的某一按鍵
8-5-2 isUp( )	檢查是否「放開」EV3主機上的某一按鍵
8-5-3 waitForAnyPress( )	「等待」使用者按下EV3主機上的「任何鍵」

【引用套件】

```
import lejos.hardware.Button;
```

8-5-1　isDown( )方法

【語法】isDown( );

【說明】檢查是否「按下」EV3主機上的某一按鍵。

【範例】請利用「isDown()方法」來模擬EV3主機上的某一按鍵被按下的狀態。

程式檔案名稱	ch8_5_1.java

```
01    import lejos.hardware.Button;
02    import lejos.hardware.lcd.LCD;
03    import lejos.utility.Delay;
04    public class ch8_5_1 {
05      public static void main(String[] args)
06      {
07            while(!Button.ESCAPE.isDown())
08            {
09                    if(Button.LEFT.isDown())
10                    {
11                      LCD.drawString("LEFT.isDown!",2,3);
12                      Delay.msDelay(1000);
13                      LCD.clear();
14                    }
15                    if(Button.RIGHT.isDown())
16                    {
17                      LCD.drawString("RIGHT.isDown!",2,3);
18                      Delay.msDelay(1000);
19                      LCD.clear();
20                    }
21                    if(Button.ENTER.isDown())
22                    {
23                      LCD.drawString("ENTER.isDown!",2,3);
24                      Delay.msDelay(1000);
25                      LCD.clear();
26                    }
27            }
28        }
29    }
```

8-5-2 isUP( )方法

【語法】isUP( );

【說明】檢查是否「放開」EV3主機上的某一按鍵。

【範例1】請利用「isUP()方法」來模擬EV3主機上的「Enter」鍵被放開的狀態。

程式檔案名稱	ch8_5_2.java

```
01   import lejos.hardware.Button;
02   import lejos.hardware.lcd.LCD;
03   import lejos.utility.Delay;
04      public class ch8_5_2 {
05          public static void main(String[] args)
06          {
07              while(!Button.ESCAPE.isDown())
08              {
09                if(Button.ENTER.isDown())
10                {
11                LCD.drawString("Enter.isDown!",2,3);
12                Delay.msDelay(1000);
13                LCD.clear();
14                }
15                else if(Button.ENTER.isUp())
16                {
17                LCD.drawString("Enter.isUp!",2,3);
18                Delay.msDelay(1000);
19                LCD.clear();
20                }
21              }
22          }
23      }
```

【範例2】承上一題，當按下「確認鈕」時，機器人前進，否則機器人後退。

程式檔案名稱	ch8_5_2A.java

```
01   import lejos.hardware.Button;
02   import lejos.hardware.lcd.LCD;
03   import lejos.utility.Delay;
```

```
04      import lejos.hardware.motor.Motor;
05      public class ch8_5_2A {
06          public static void main(String[] args)
07          {
08              while(!Button.ESCAPE.isDown())
09              {
10                  if(Button.ENTER.isDown())
11                  {
12                   LCD.drawString("NXT is Running!",2,3);
13                   Motor.B.forward();
14                   Motor.C.forward();
15                   Delay.msDelay(1000);
16                   LCD.clear();
17                  }
18                  else if(Button.ENTER.isUp())
19                  {
20                   LCD.drawString("NXT is Stop!",2,3);
21                   Motor.B.stop();
22                   Motor.C.stop();
23                   Delay.msDelay(1000);
24                   LCD.clear();
25                  }
26              }
27          LCD.drawString("Run Over!",2,3);
28          Delay.msDelay(2000);
29          }
30      }
```

8-5-3　waitForAnyPress ( )方法

【語法】waitForAnyPress ( );

【說明】「等待」使用者按下EV3主機上的「任何鍵」。

【範例】動態十個顯示1~100的亂數值，當顯示完畢之後，按下EV3主機上的
　　　　「任何鍵」即結束程式。

程式檔案名稱	ch8_5_3.java

```
01   import lejos.hardware.Button;
02   import lejos.hardware.lcd.LCD;
03   import lejos.utility.Delay;
04     public class ch8_5_3 {
05         public static void main(String[] args)
06         {
07             int randValue=0;
08             for (int i = 1; i <= 10; i++)
09             {
10                 randValue =(int)(Math.random()*100)+1;
11                 LCD.drawInt(randValue,8,3);
12                 Delay.msDelay(1000);
13                 LCD.clear();
14             }
15             LCD.drawString("Run Over!",2,3);
16             Button.waitForAnyPress();
17         }
18   }
```

第九章
機器人動起來了（伺服馬達）

本章學習目標

1. 了解樂高機器人的開發工具「LeJOS程式」之取得及安裝。
2. 了解如何利用「LeJOS程式」撰寫第一支樂高機器人程式。

本章內容

9-1 伺服馬達簡介

9-2 伺服馬達的控制模式

9-3 讓機器人動起來

9-4 利用感測器的偵測值控制馬達動作

第九章　機器人動起來了 （伺服馬達）

9-1　伺服馬達簡介

要讓機器人走動，就必須要先了解何謂伺服馬達，它是指用來讓機器人可以自由移動（前、後、左、右及原地迴轉），或執行某個動作的馬達。

【伺服馬達的圖示】

| 「大型」伺服馬達 | 「中型」伺服馬達 |

【說明】伺服馬達內建「角度感測器」，可以精確地控制馬達運轉。

【舉例】讓A馬達順時針旋轉30度，或是逆時針旋轉5圈。

【基本功能】前、後、左、右（預設利用大型馬達來連接B與C埠）。

【進階功能】機器手臂，如夾物體、吊車、發射彈珠、打陀螺……等（預設利用中型馬達來連接A或D埠）。

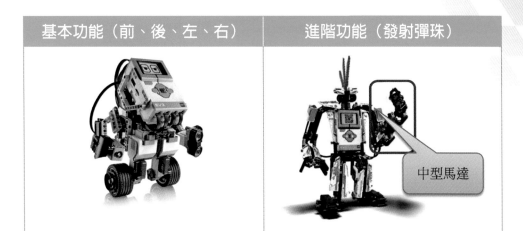

基本功能（前、後、左、右）	進階功能（發射彈珠）

中型馬達

9-2　伺服馬達的控制模式

想要準確控制EV3樂高機器人的各種動作，就必須先了解如何利用LeJOS程式來撰寫各種控制模式。

一、依照「時間」來控制

【作法】

Delay.*msDelay*(時間); //設定「毫秒」時間

【範例】讓機器人以每秒720度的轉速前進2秒鐘。

行號	程式檔名：ch9_2A.java
01	import lejos.hardware.motor.Motor;　　//載入Motor類別
02	import lejos.utility.Delay;　　　　　　//載入Delay類別
03	class ch9_2A
04	{
05	public static void main(String args[])
06	{
07	//設定速度
08	Motor.*B*.setSpeed(720); //設定B馬達速度為720(度/秒)
09	Motor.*C*.setSpeed(720); //設定C馬達速度為720(度/秒)
10	//車子前進2秒
11	Motor.*B*.forward(); //B馬達正轉

12	Motor.*C*.forward();　　　//C馬達正轉
13	Delay.*msDelay*(2000);　//等待2秒
14	}//main
15	}//ch9_2A

二、依照「旋轉角度」來控制

【作法】

Motor.輸出埠.rotate（指定旋轉角度，是否立即傳回）

(1) 輸出埠（port）：A、B、C或D。

(2) 指定旋轉角度（angle）：

　❶當「正值」代表「順時鐘轉動」，亦即代表「向前進」。

　❷當「負值」代表「逆時鐘轉動」，亦即代表「向後退」。

　❸設定馬達旋轉角度（angle），1圈=360度。

(3) 是否立即傳回（immediateReturn）：預設值為false。

　❶當「false」代表「需要」等待上一個指令執行完畢之後，才能執行下一個指令。如下程式，B馬達轉動兩圈之後，C馬達才能被轉動。

Motor.*B*.rotate(720,false);
Motor.*C*.rotate(720,false);

　❷當「true」代表「不需要」等待上一個指令執行完畢之後，才能執行下一個指令。

Motor.*B*.rotate(720,true);
Motor.*C*.rotate(720,false);

【範例】讓機器人以每秒720度的轉速前進2圈（亦即720度）。

行號	程式檔名：ch9_2B.java
01	import lejos.hardware.motor.Motor; //載入Motor類別
02	class ch9_2B
03	{
04	public static void main(String args[])
05	{
06	//設定速度
07	Motor.*B*.setSpeed(720); //設定B馬達速度為720(度/秒)
08	Motor.*C*.setSpeed(720); //設定C馬達速度為720(度/秒)
09	//車子前進2圈(也就是720度)
10	Motor.*B*.rotate(720,true);
11	Motor.*C*.rotate(720,false);
12	}//main
13	}//ch9_2B

9-3 讓機器人動起來

在了解伺服馬達基本原理及控制模式之後，接下來，我們就可以開始撰寫LeJOS程式來讓機器人動起來。

【範例1】請撰寫LeJOS程式，可以讓機器人馬達前進三圈後，自動停止。

【示意圖】

由右至左前進三圈

【LeJOS程式】

行號	程式檔名：ch9_3A.java
01	import lejos.hardware.motor.Motor;
02	class ch9_3A
03	{
04	public static void main(String args[])

05	{ //車子前進3圈(也就是1080度)
06	Motor.*B*.rotate(1080,true);
07	Motor.*C*.rotate(1080,false);
08	}//main
09	}//ch9_3A

【測試執行結果】

1. 原始狀態

終點區	行走區	出發區
		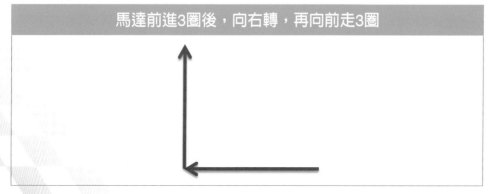

2. 馬達前進三圈（將EV3主機放在地板上測試）

終點區	行走區	出發區
	馬達前進三圈 ←	

【範例2】請撰寫LeJOS程式，可以讓機器人馬達前進3圈後，向右轉，再向前走3圈。

【示意圖】

馬達前進3圈後，向右轉，再向前走3圈

【LeJOS程式】

行號	程式檔名：ch9_3B.java
01	import lejos.hardware.motor.Motor;
02	class ch9_3B
03	{
04	public static void main(String args[])
05	{ //馬達前進3圈後，向右轉，再向前走3圈，向右轉
06	Motor.*B*.rotate(1080,true);
07	Motor.*C*.rotate(1080,false);
08	Motor.*B*.rotate(1200,false);
09	Motor.*B*.rotate(1080,true);
10	Motor.*C*.rotate(1080,false);
11	Motor.*B*.rotate(1200,false);
12	}//main
13	}//ch9_3B

【範例3】請撰寫LeJOS程式，可以讓機器人繞一個正方形。

【示意圖】

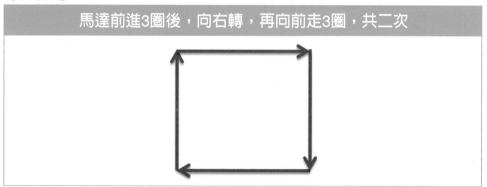

馬達前進3圈後，向右轉，再向前走3圈，共二次

【第一種方法】循序結構（沒有使用迴圈）。

【LeJOS程式】

行號	程式檔名：ch9_3C1.java
01	import lejos.hardware.motor.Motor;
02	public class ch9_3C1 {
03	public static void main(String[] args) {
04	//前進2圈後，再向右轉
05	Motor.*B*.rotate(720,true);　　　　前進3圈
06	Motor.*C*.rotate(720,false);
07	Motor.*B*.rotate(1100,false);　　向右轉
08	//前進2圈後，再向右轉
09	Motor.*B*.rotate(720,true);
10	Motor.*C*.rotate(720,false);
11	Motor.*B*.rotate(1100,false);
12	//前進2圈後，再向右轉
13	Motor.*B*.rotate(720,true);
14	Motor.*C*.rotate(720,false);
15	Motor.*B*.rotate(1100,false);
16	//前進2圈後，再向右轉
17	Motor.*B*.rotate(720,true);
18	Motor.*C*.rotate(720,false);
19	Motor.*B*.rotate(1100,false);
20	}
21	}

【說明】以上共有八個，但是，重複出現四次「前進2圈，向右轉」。

【第二種方法】使用「While迴圈」結構

【LeJOS程式】

行號	程式檔名：ch9_3C2.java
01	import lejos.hardware.motor.Motor;
02	public class ch9_3C2 {
03	public static void main(String[] args) {
04	int i=0;
05	while(i<4)
06	{
07	//前進2圈後，再向右轉
08	Motor.B.rotate(1080,true);
09	Motor.C.rotate(1080,false);
10	Motor.B.rotate(1100,false);
11	i++;
12	}
13	}
14	}

【說明】

　　將【第一種方法】中的前二個指令「前進2圈，向右轉」抽出來，外層加入一個「迴圈」來控制迴圈的次數即可。

9-4　利用感測器的偵測值控制馬達動作

　　假設我們已經組裝完成一台輪型機器人，想讓機器人在前進時，離前方的障礙物越近時，行走的速度就愈慢。此時，我們必須要透過「超音波感應器」來偵測前方的距離，並且將此「距離的數值資料」指定給「伺服馬達」的Speed。

9-4-1　超音波感應器來控制馬達速度快與慢

【定義】由「超音波」偵測的距離來控制馬達的「速度快與慢」。

【範例】將「超音波感應器」偵測的距離輸出後，透過傳遞給「馬達」的setSpeed。

【LeJOS程式】

行號	程式檔名：ch9_4_1.java
01	import lejos.hardware.Button;
02	import lejos.hardware.ev3.LocalEV3;
03	import lejos.hardware.motor.Motor;
04	import lejos.hardware.port.Port;
05	import lejos.hardware.sensor.EV3UltrasonicSensor;
06	import lejos.hardware.sensor.SensorModes;
07	import lejos.robotics.SampleProvider;
08	public class ch9_4_1 {
09	public static void main(String[] args) {
10	Port port = LocalEV3.*get*().getPort("S4");
11	SensorModes sensor = new EV3UltrasonicSensor(port);
12	SampleProvider distance= sensor.getMode("Distance");
13	float[] sample = new float[distance.sampleSize()];
14	float speed=0;
15	while(!Button.*ENTER*.isDown())
16	{
17	distance.fetchSample(sample, 0);
18	speed=(float)Math.*floor*(sample[0]*100)*10;
19	Motor.*B*.setSpeed(speed);
20	Motor.*C*.setSpeed(speed);
21	distance.fetchSample(sample, 0);
22	if (Math.*floor*(sample[0]*100)>25)
23	{
24	Motor.*B*.forward();
25	Motor.*C*.forward();
26	}
27	else
28	{
29	Motor.*B*.stop();
30	Motor.*C*.stop();
31	}
32	}
33	Button.*waitForAnyPress*();
34	}
35	}

【說明】

行號01～07：利用import關鍵字來引用Java的類別庫，亦即本程式所需要的類別。

行號10～13：設定「超音波感應器」連接的4號輸入埠及偵測前方的距離。

行號15：利用while迴圈來控制超音波感應器，持續偵測前方的距離。並且當使用者按下EV3主機的任何鍵時，才會停止程式。

行號17～18：利用fetchSample方法來取得前方的距離（範圍為0～1的浮點數值），所以先乘以100，再利用Math.floor方法來取整數部份，最後再乘10，來當作馬達的速度。

行號19～20：將偵測的距離指定給「馬達」的setSpeed方法，當作參數值。

行號21～22：利用fetchSample方法取得前方的距離，來判斷是否大於25公分。

行號24～25：如果是大於25公分的話，則傳遞距離當作BC馬達的速度，並向前進。

行號29～30：如果偵測的距離小於25公分時，BC馬達停止轉動。

行號33：利用waitForAnyPress方法來等待使用者按下EV3主機上的任何鍵。

9-4-2 觸碰感應器來控制馬達向前或向後

【定義】「觸碰感測器」的開關來控制馬達「向前或向後」。

【範例1】等待「觸碰感應器」被壓下時，才會啟動機器人向前進。

行號	程式檔名：ch9_4_2A.java
01	import lejos.hardware.Button;
02	import lejos.hardware.ev3.LocalEV3;
03	import lejos.hardware.motor.Motor;
04	import lejos.hardware.port.Port;
05	import lejos.hardware.sensor.EV3TouchSensor;
06	import lejos.hardware.sensor.SensorModes;
07	import lejos.robotics.SampleProvider;
08	public class ch9_4_2A {
09	public static void main(String[] args) {
10	//設定觸碰感測器
11	Port port = LocalEV3.*get*().getPort("S1");
12	SensorModes sensor=new EV3TouchSensor(port);

13	SampleProvider touch= sensor.getMode("Touch");
14	float[] sample = new float[touch.sampleSize()];
15	while(!Button.*ENTER*.isDown())
16	{
17	touch.fetchSample(sample, 0);
18	if (sample[0]>=1.0)
19	{
20	Motor.*B*.forward();
21	Motor.*C*.forward();
22	}
23	}
24	Button.*waitForAnyPress*();
25	}
26	}

【說明】

行號01～07：利用import關鍵字來引用Java的類別庫，亦即本程式所需要的類別。

行號10～13：設定「觸碰感應器」連接的1號輸入埠及偵測是否被按下。

行號17～18：利用fetchSample方法來取得1號輸入埠是否被按下（傳回1.0），判斷是否被壓下。其於的程式碼，參考同上。

【範例2】機器人向前進，利用while迴圈來判斷「觸碰感應器」是否被壓下，才會停止前進

行號	程式檔名：ch9_4_2B.java
01	import lejos.hardware.Button;
02	import lejos.hardware.ev3.LocalEV3;
03	import lejos.hardware.motor.Motor;
04	import lejos.hardware.port.Port;
05	import lejos.hardware.sensor.EV3TouchSensor;
06	import lejos.hardware.sensor.SensorModes;
07	import lejos.robotics.SampleProvider;
08	public class ch9_4_2B {
09	public static void main(String[] args) {

10	//設定觸碰感測器
11	Port port = LocalEV3.*get*().getPort("S1");
12	SensorModes sensor=new EV3TouchSensor(port);
13	SampleProvider touch= sensor.getMode("Touch");
14	float[] sample = new float[touch.sampleSize()];
15	while(!Button.*ENTER*.isDown())
16	{
17	touch.fetchSample(sample, 0);
18	if (sample[0]>=1.0)
19	{
20	Motor.*B*.stop();
21	Motor.*C*.stop();
22	}
23	else
24	{
25	Motor.*B*.forward();
26	Motor.*C*.forward();
27	}
28	}
29	Button.*waitForAnyPress*();
30	}
31	}

【說明】參考同上。

9-4-3　Random亂數模組來控制馬達自行轉彎

【定義】利用Random 亂數值來控制馬達的「左轉或右轉」。

【範例】將「Random ()函數」的傳回值，傳遞給「馬達」中的旋轉速度，亦即讓機器人自己決定機器人的前進速度。

行號	程式檔名：ch9_4_3.java
01	import lejos.hardware.Button;
02	import lejos.hardware.motor.Motor;
03	import lejos.utility.Delay;
04	public class ch9_4_3 {
05	public static void main(String[] args) {
06	while(!Button.*ENTER*.isDown())
07	{
08	int RandValue=(int)(Math.*random*()*720)+1;
09	Motor.*B*.setSpeed(RandValue);
10	Motor.*C*.setSpeed(RandValue);
11	Motor.*B*.forward();
12	Motor.*C*.forward();
13	Delay.*msDelay*(1000);
14	}
15	Button.*waitForAnyPress*();
16	}
17	}

【說明】

行號01～03：利用import關鍵字來引用Java的類別庫，亦即本程式所需要的類別。

行號06～14：利用永久迴圈來持續判斷EV3主機的「確認鈕」是否被按下，如果不是，則將「Random ()函數」的傳回值，傳遞給「馬達」中的旋轉速度。

行號08：利用亂數函數來產生1～720的不同數值。

行號09～10：用取得的亂數值來設定「馬達」的旋轉速度。

行號11～13：控制B、C馬達前進，持續一秒鐘。

【延伸學習】

　　資料來源：TTRA機器人檢定「術科」題庫。

1. 組裝一台雙馬達驅動的機器人，能夠前後行進，左右轉彎，快慢移動。

　　題目規定動作：

　　(1)輪胎著地。

　　(2)輪胎直接安裝於馬達旋轉。

　　(3)動作時零件不得脫落。

　　場地需求：無。

【解析】

　　(一) 示意圖

　　雙馬達驅動的機器人，進行「前、後、左、右」。

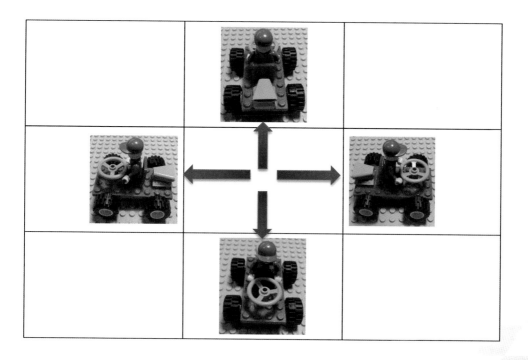

(二) 組裝圖

NXT輪型機器人	EV3輪型機器人
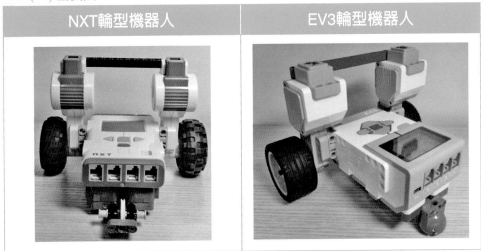	

【說明】組裝一台雙馬達驅動的機器人。關於組裝步驟，請參考隨書光碟。

(三) 流程圖

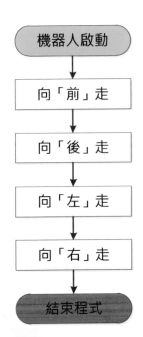

【LeJOS程式】

行號	程式檔名：ch9_hw1.java
01	import lejos.hardware.motor.Motor;
02	public class ch9_hw1 {
03	public static void main(String[] args) {
04	//向前
05	Motor.B.rotate(720,true);
06	Motor.C.rotate(720,false);
07	//向後
08	Motor.B.rotate(-720,true);
09	Motor.C.rotate(-720,false);
10	//向左
11	Motor.B.rotate(-360,true);
12	Motor.C.rotate(360,false);
13	//向右
14	Motor.B.rotate(360,true);
15	Motor.C.rotate(-360,false);
16	}
17	}

2. 組裝一台單馬達驅動機器人。

題目規定動作：機器人能夠前進後退一定距離。

場地需求：無。

【解析】

(一) 示意圖

單馬達驅動的機器人，進行「前、後」。

(二) 組裝圖

正面	背面	側面

【說明】組裝一台雙馬達驅動的機器人。關於組裝步驟，請參考隨書光碟。

(三) 流程圖

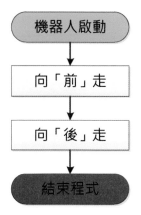

【LeJOS程式】

行號	程式檔名：ch9_hw2.java
01	import lejos.hardware.motor.Motor;
02	public class ch9_hw2 {
03	public static void main(String[] args) {
04	//向前
05	Motor.*B*.rotate(720);
06	Motor.*B*.rotate(-720);
07	}
08	}

3. 機器人前進固定距離（距離大於60公分，不使用感應器）。

題目規定動作：

(1)機器人置於出發區內。

(2)裁判提示後開始執行程式。

(3)機器人停止於終點區內。

場地需求：出發區與終點區（所有出發區及終點區會有接近場地底色的膠帶貼線（藍色），作為受測者及裁判辯識）。

【解析】

(一) 示意圖

1. 原始狀態

終點區	行走區	出發區

2. 前進固定距離（距離大於60公分，不使用感應器）

終點區	行走區	出發區
	大於 60 公分	

【註】必須要依照實際的輪胎直徑，來調整轉動的圈數。

(二) 組裝圖

請參考第一題的圖。

(三) 流程圖

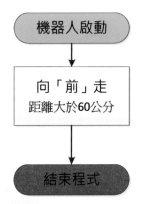

【LeJOS程式】

行號	程式檔名：ch9_hw3.java
01	import lejos.hardware.motor.Motor;
02	public class ch9_hw3 {
03	public static void main(String[] args) {
04	//向前
05	Motor.B.rotate(1440,true);
06	Motor.C.rotate(1440,false);
07	}
08	}

【作法】先量測實際的輪胎直徑。例如直徑為5.6公分，則周長約為17.6公分。
　　　　所以，60/17.6≒3.4圈。因此，設定4圈就會大於60公分。

【注意】強烈建議不要使用「秒數」，因為它會受到電池的電壓不同的影響。

4. 機器人原地直角轉彎，面向左側，再前進固定距離（距離大於60公分，
　不使用感應器）。

　題目規定動作：

　(1)機器人置於出發區內。

　(2)裁判提示後開始執行程式。

　(3)機器人停止於終點區內。

　場地需求：出發區與終點區。

【解析】

(一) 示意圖

1. 原始狀態（機器人車頭朝向12點方向擺放）

終點區	行走區	出發區

2. 原地直角轉彎，面向左側（機器人車頭應該朝9點鐘方向前進）

終點區	行走區	出發區

3. 前進固定距離（距離大於60公分，不使用感應器）

終點區	行走區	出發區
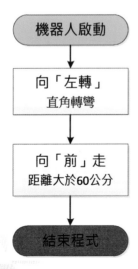	大於 60 公分 ⟷	

【註】必須要依照實際的輪胎直徑，來調整轉動的圈數。

(二) 組裝圖

請參考第一題的圖。

(三) 流程圖

```
      ┌─────────────┐
      │  機器人啟動   │
      └──────┬──────┘
             │
      ┌──────▼──────┐
      │  向「左轉」   │
      │   直角轉彎    │
      └──────┬──────┘
             │
      ┌──────▼──────┐
      │  向「前」走   │
      │ 距離大於60公分 │
      └──────┬──────┘
             │
      ┌──────▼──────┐
      │   結束程式    │
      └─────────────┘
```

【LeJOS程式】

行號	程式檔名：ch9_hw4.java
01	import lejos.hardware.motor.Motor;
02	public class ch9_hw4 {
03	public static void main(String[] args) {
04	//向左
05	Motor.B.rotate(-600,true);
06	Motor.C.rotate(600,false);
07	//向前
08	Motor.B.rotate(1440,true);
09	Motor.C.rotate(1440,false);
10	}
11	}

第十章
機器人碰碰車（觸碰感測器）

本章學習目標

1. 讓讀者了解樂高機器人輸入端的「觸碰感測器」之定義及反射光原理。
2. 讓讀者了解樂高機器人的「觸碰感測器」之四大模組的各種使用方法。

本章內容

第十章　機器人碰碰車
（觸碰感測器）

10-1　觸碰感測器的認識

【定義】用來感測機器人是否有觸碰到「目標物」或「障礙物」。

【目的】類似按鈕式的「開關」功能：

　　1. 用來感測機器人前、後方的障礙物。

　　2. 用來感測機器人手臂前端是否碰觸到目標物或障礙物。

【外觀圖示】

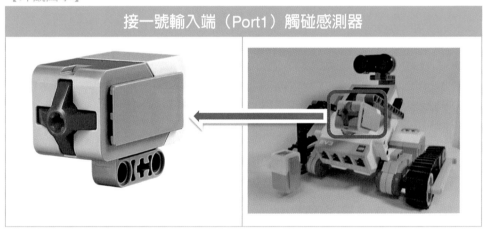

接一號輸入端（Port1）觸碰感測器

【外觀】觸碰感測器的前端紅色部分為十字孔，方便製作緩衝器。

【擴大觸碰範圍】

　　由於「觸碰感應器」中，只有「紅色部位」零件在被觸碰時，主機才會接收到訊息「1」，否則，接收到訊息「0」。因此，為了讓樂高機器人在行動中時，擴大觸碰範圍，必須要重新「改造」一下。如下圖所示：

正面	側面

【功能介紹】用來判斷是否有受到外部力量的觸碰或施壓。

【EV3觸碰感應器的規格表】

項目	教育EV3	教育NXT
距離	前面的十字孔	前面的十字孔
自動識別	有支援	沒有支援

【資料來源】http://www.afrel.co.jp/en/archives/846

【在LeJOS程式開發環境偵測被「壓下」的回傳值】

行號	程式檔名：ch10_1.java
01	import lejos.hardware.Button;
02	import lejos.hardware.ev3.LocalEV3;
03	import lejos.hardware.lcd.LCD;
04	import lejos.hardware.port.Port;
05	import lejos.hardware.sensor.SensorModes;
06	import lejos.robotics.SampleProvider;
07	import lejos.hardware.sensor.EV3TouchSensor;
08	

09	public class ch10_1 {
10	public static void main(String[] args) {
11	//設定觸碰感測器
12	Port port = LocalEV3.*get*().getPort("S1");
13	SensorModes sensor=new EV3TouchSensor(port);
14	SampleProvider touch= sensor.getMode("Touch");
15	float[] sample = new float[touch.sampleSize()];
16	while(!Button.*ENTER*.isDown())
17	{
18	touch.fetchSample(sample, 0);
19	if (sample[0]>=1.0)
20	LCD.*drawString*("Pressed:" + sample[0]+ " ", 0, 0);
21	else
22	LCD.*drawString*("Pressed:" + sample[0]+ " ", 0, 0);
23	}
24	}
25	}

【說明】

行號01～07：利用import關鍵字來引用Java的類別庫，亦即本程式所需要的類別。

行號12~15：設定「觸碰感應器」連接的1號輸入埠及偵測是否被按下。

行號16：利用while(true)永久迴圈來持續讓「觸碰感測器」偵測是否被按下。

行號18～19：利用fetchSample方法來取得1號輸入埠是否被按下（傳回1.0），判斷是否被壓下。

行號20～22：利用LCD.*drawString* 方法來顯示結果（true或false）在螢幕上的座標位置。

【測試方式】請壓下「觸碰感測器」後再放開。

壓下	放開

【測試結果】

壓下	放開
Pressed:1.0	Pressed:0.0

【回傳資訊】

　　1. 當按鈕被「壓下」時，回傳資訊為「1.0」。

　　2. 當按鈕被「放開」時，回傳資訊為「0.0」。

【應用時機】

　　1. 機器人前進行走時，如果碰到前方有障礙物時，就會自動轉向（如：後退、轉彎或停止等事件程序），如：碰碰車。

　　2. 在機械手臂前端可利用觸碰感測器偵測是否碰觸到物品，再決定是否要取回或排除它，如：拆除爆裂物的機械手臂。

　　3. 當作線控機器人的操控按鈕。

【觸碰感應器的三種常用方法】

　　在了解觸碰感應器的偵測方法之後，接下來，再說明它在「Eclipse整合開發軟體」中，常被使用的三種功能模組：

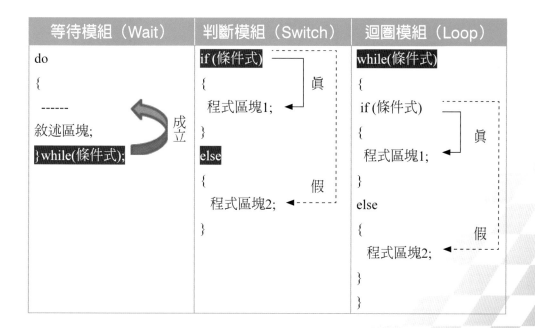

10-2 等待模組(Wait)的觸碰感測器

【功能】用來設定等待「觸碰感測器」被壓下時,再繼續執行下一個動作。

【語法】

【說明】1. **當while()後面有接分號「;」時,代表它被當作「等待指令」**。

2. while迴圈,當條件式「成立」時,會反覆執行上面的敘述區塊。

【範例】機器人往前走,當「觸碰感應器」碰撞牆壁時,則停止。

(一) 示意圖

1. 原始狀態

終點區	行走區	出發區
	←－－－－－－－－－	

2. 前進至碰撞牆壁停止

終點區	行走區	出發區

(二) 組裝圖及流程圖

EV3機器人	流程圖
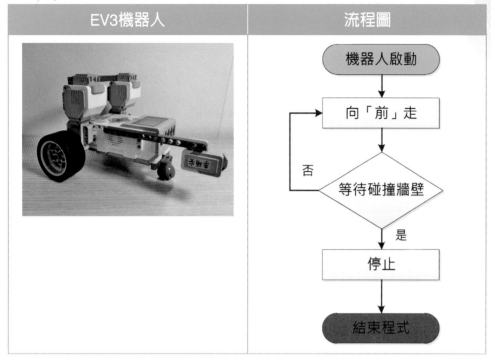	

【說明】關於組裝步驟，請參考隨書光碟。

(三) 程式碼

行號	程式檔名：ch10_2A.java
01	import lejos.hardware.Button;
02	import lejos.hardware.ev3.LocalEV3;
03	import lejos.hardware.lcd.LCD;
04	import lejos.hardware.motor.Motor;
05	import lejos.hardware.port.Port;
06	import lejos.hardware.sensor.SensorModes;
07	import lejos.robotics.SampleProvider;
08	import lejos.hardware.sensor.EV3TouchSensor;
09	
10	public class ch10_2A {
11	public static void main(String[] args) {
12	//設定觸碰感測器

13	Port port = LocalEV3.*get*().getPort("S1");
14	SensorModes sensor=new EV3TouchSensor(port);
15	SampleProvider touch= sensor.getMode("Touch");
16	float[] sample = new float[touch.sampleSize()];
17	do
18	{
19	Motor.*B*.forward();
20	Motor.*C*.forward();
21	touch.fetchSample(sample, 0);
22	}while(sample[0]>=1.0);
23	Motor.*B*.stop();
24	Motor.*C*.stop();
25	System.*out*.println("EV3 STOP!!!");
26	Button.*waitForAnyPress*();
27	}
28	}

【說明】

行號01～08：利用import關鍵字來引用Java的類別庫，亦即本程式所需要的類別。

行號13～16：設定「觸碰感應器」連接的1號輸入埠及偵測是否被按下。

行號17～22：利用do/while(true)永久迴圈來持續讓「觸碰感測器」偵測是否被按下。

行號19～20：控制機器人前進，直到按下觸碰感測器為止。

行號21～22：利用fetchSample方法來取得1號輸入埠是否被按下（傳回1.0）。判斷是否被壓下。

行號23～25：控制機器人停止，並在螢幕上顯示「EV3 STOP!!!」。

行號26：等待使用者按下EV3主機上的任何鍵，即可結束程式。

10-3　分岔模組（Switch）的觸碰感測器

【功能】用來設定判斷「觸碰感測器」是否被壓下，如果「是」，則執行「程式
區塊1」的分支；否則，就會執行「程式區塊2」的分支。

【分岔模組（Switch）語法】

```
if(條件式)
{
  程式區塊1;           真
}                      假
else
{
  程式區塊2;
}
```

【範例】利用一個「觸碰感測器」來設計「碰碰車」。

　　在國際奧林匹克機器人競賽（WRO）經常出現的「碰碰車」比賽，就可以
利用觸碰感測器來與對手碰撞。

(一) 示意圖

「左側」碰撞 「障礙物」	「中間」碰撞 「障礙物」	「右側」碰撞 「障礙物」

說明：關於組裝步驟，請參考隨書光碟。

【解析】

　　1. 機器人「左邊」的「觸碰感測器」偵測碰撞「障礙物」時，先退後0.5
圈，再向「右旋轉1圈」。

　　2. 機器人「右邊」的「觸碰感測器」偵測碰撞「障礙物」時，先退後0.5
圈，再向「左旋轉1圈」。

3. 如果單獨使用分岔結構(Switch)，只能偵測一次，無法反覆執行。

【解決方法】搭配無限制的「迴圈結構（Loop）」，可以反覆操作此機器人的動作。

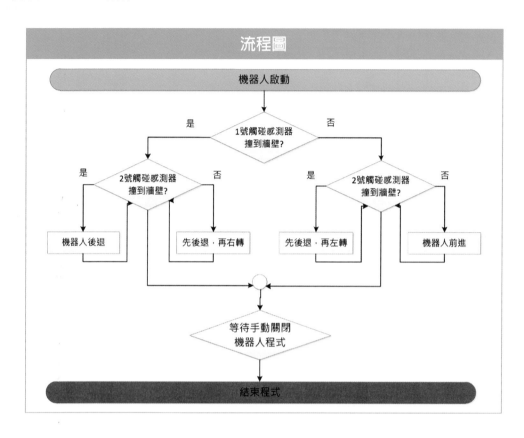

【LeJOS程式碼】

行號	程式檔名：ch10_3.java
01	import lejos.hardware.Button;
02	import lejos.hardware.ev3.LocalEV3;
03	import lejos.hardware.lcd.LCD;
04	import lejos.hardware.motor.Motor;
05	import lejos.hardware.port.Port;
06	import lejos.hardware.sensor.SensorModes;
07	import lejos.robotics.SampleProvider;

```
08      import lejos.hardware.sensor.EV3TouchSensor;
09
10      public class ch10_3 {
11          public static void main(String[] args) {
12              設定觸碰感測器(S1)
13              Port port1 = LocalEV3.get().getPort("S1");
14              SensorModes sensor1=new EV3TouchSensor(port1);
15              SampleProvider touch1= sensor1.getMode("Touch");
16              float[] sample1 = new float[touch1.sampleSize()];
17              設定觸碰感測器(S2)
18              Port port2 = LocalEV3.get().getPort("S2");
19              SensorModes sensor2=new EV3TouchSensor(port2);
20              SampleProvider touch2= sensor2.getMode("Touch");
21              float[] sample2 = new float[touch2.sampleSize()];
22              Motor.B.setSpeed(720); //設定B馬達速度為720(度/秒)
23              Motor.C.setSpeed(720); //設定C馬達速度為720(度/秒)
24              while(!Button.ENTER.isDown())
25              {
26               touch1.fetchSample(sample1, 0);
27               touch2.fetchSample(sample2, 0);
28               if(sample1[0]>=1.0)
29               {
30                      if(sample2[0]>=1.0)
31                          { //機器人後退
32                              Motor.B.rotate(-360,true);
33                              Motor.C.rotate(-360,false);
34                          }
35                      else
36                          {
37                              Motor.B.rotate(-180,true);
38                              Motor.C.rotate(-180,false);
39                              Motor.B.stop();
40                              Motor.C.stop();
41                              Motor.B.rotate(360,true);
42                              Motor.C.rotate(0,false);
43                          }
44               }
```

45	else
46	{
47	if(sample2[0]>=1.0)
48	{
49	Motor.*B*.rotate(-180,true);
50	Motor.*C*.rotate(-180,false);
51	Motor.*B*.stop();
52	Motor.*C*.stop();
53	Motor.*B*.rotate(0,true);
54	Motor.*C*.rotate(360,false);
55	}
56	else
57	{//機器人前進
58	Motor.*B*.forward(); //B馬達正轉
59	Motor.*C*.forward(); //C馬達正轉
60	}
61	}
62	}
63	}
64	}

【說明】

行號01～21：參考同上。

行號22～23：控制機器人的馬達轉動速度。每秒轉動720度，亦即兩圈。

行號24：利用while()永久迴圈指令來判斷兩支「觸碰感應器」情況。

行號28～34：當第1號與第2號觸碰感應器，同時被觸碰時，則後退0.5圈。

行號35～43：如果只有第1號感應器被壓下時，則先後退0.5圈，再向右轉1圈。

行號47～55：如果只有第2號感應器被壓下時，則先後退0.5圈，再向左轉1圈。

行號56～60：當第1號與第2號觸碰感應器，都沒有被觸碰時，則一直前進。

10-4　迴圈模組（Loop）的觸碰感測器

【定義】用來等待「觸碰感測器」是否被壓下，如果「是」，則結束迴圈。

【迴圈模組（Loop）語法】

```
while(條件式)
{
     程式區塊1;  //條式「成立」時執行
}
     程式區塊2;  //條式「不成立」時執行
```

【範例】機器人向前走，直到觸碰感應器撞到「障礙物」時，就會結束迴圈。

【解析】請利用while迴圈來實作。

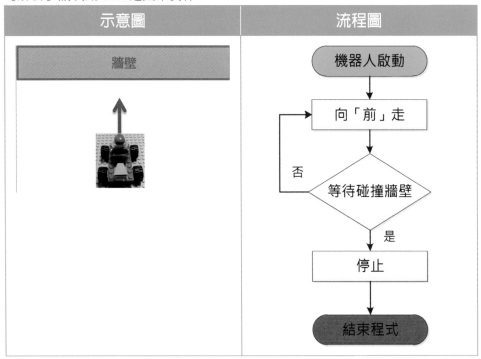

示意圖	流程圖
牆壁	機器人啟動 → 向「前」走 → 等待碰撞牆壁 （否）→ 向「前」走 ／ （是）→ 停止 → 結束程式

【LeJOS程式碼】

行號	程式檔名：ch10_4.java
01	import lejos.hardware.Button;
02	import lejos.hardware.ev3.LocalEV3;
03	import lejos.hardware.motor.Motor;
04	import lejos.hardware.port.Port;

```
05        import lejos.hardware.sensor.SensorModes;
06        import lejos.robotics.SampleProvider;
07        import lejos.hardware.sensor.EV3TouchSensor;
08
09        public class ch10_4 {
10            public static void main(String[] args) {
11                //設定觸碰感測器
12                    Port port = LocalEV3.get().getPort("S1");
13                    SensorModes sensor=new EV3TouchSensor(port);
14                    SampleProvider touch= sensor.getMode("Touch");
15                    float[] sample = new float[touch.sampleSize()];
16                    while(!Button.ENTER.isDown())
17                    {
18                        touch.fetchSample(sample, 0);
19                        //判斷「觸碰感應器」是否被壓下
20                        if(sample[0]>=1.0)
21                        {
22                            Motor.B.stop();
23                            Motor.C.stop();
24                        }
25                        else
26                        {
27                            Motor.B.forward();
28                            Motor.C.forward();
29                        }
30                    }
31            }
32        }
```

【說明】

行號01～15：參考同上。

行號16：利用while()迴圈指令來判斷「觸碰感應器」是否「沒有被壓下」。

行號20～24：如果條件式「成立」時，「停止」馬達轉動。

行號25～29：否則，利用forward()方法來讓馬達往前走。

【延伸學習】

　　資料來源：TTRA機器人檢定「術科」題庫。

1. 機器人使用觸碰感應器，前進至碰撞牆壁停止。

　　題目規定動作：

　　(1)機器人置於出發區內。

　　(2)裁判提示後開始執行程式。

　　(3)機器人開始前進，碰撞牆壁後馬達停止轉動，結束程式。

　　場地需求：出發區與終點區、牆壁。

【解析】

　　(一) 示意圖

　　1. 原始狀態

終點區	行走區	出發區

　　2. 前進至碰撞牆壁停止

終點區	行走區	出發區

(二) 組裝圖

NXT輪型機器人	EV3輪型機器人

【說明】關於組裝步驟,請參考隨書光碟。

(三) 流程圖

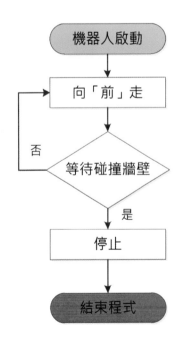

2. 機器人使用觸碰感應器，前進至碰撞牆壁，機器人返回出發區。

   題目規定動作：

   (1)機器人置於出發區內。

   (2)裁判提示後開始執行程式。

   (3)機器人開始前進，碰撞牆壁後，機器人返回出發區，碰撞牆壁後停止於出發區。

   場地需求：出發區與終點區、牆壁。

【解析】

(一) 示意圖

1. 原始狀態

終點區	行走區	出發區

2. 前進至碰撞牆壁停止

終點區	行走區	出發區

3. 機器人返回出發區

終點區	行走區	出發區
	後退行駛	

4. 碰撞牆壁後停止於出發區

終點區	行走區	出發區

(二) 組裝圖

請參考第一題的圖。

(三) 流程圖

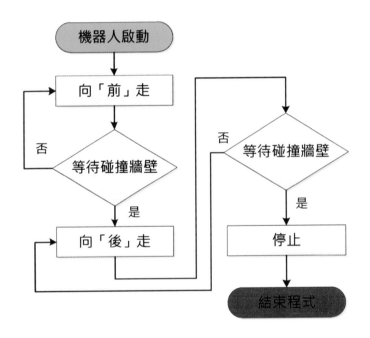

3. 機器人前進至碰撞牆壁，直角轉彎，機器人到達終點區。

   題目規定動作：

   (1)機器人置於出發區內。

   (2)裁判提示後開始執行程式。

   (3)機器人開始前進，碰撞牆壁後，機器人直角轉彎。

(4)碰撞牆壁後停止於終點區。

場地需求：出發區與終點區、牆壁。

【解析】

(一) 示意圖

1. 原始狀態

終點區	行走區	出發區

2. 直角轉彎

終點區	行走區	出發區
	←－ －－ －－ －－ －－ －	

3. 碰撞牆壁後停止於終點區

終點區	行走區	出發區
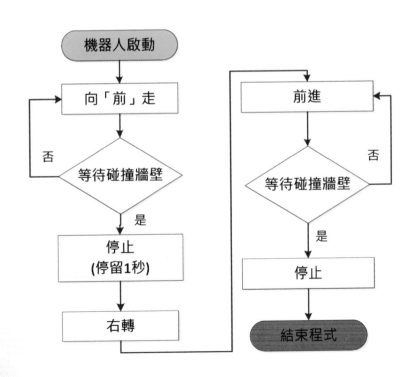		

(二) 組裝圖

請參考第一題的圖。

(三) 流程圖

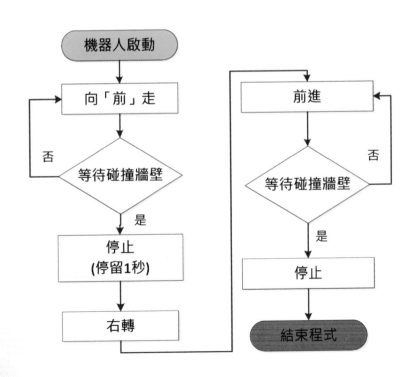

第十一章
機器人軌跡車
（顏色感測器）

本章學習目標

1. 了解樂高機器人輸入端的「顏色感測器」之定義及反射光原理。
2. 了解樂高機器人的「顏色感測器」之四大模組的各種使用方法。

本章內容

第十一章　機器人軌跡車（顏色感測器）

11-1　認識顏色感測器

【定義】用來偵測不同顏色的反射光、顏色及環境光強度。

【目的】可以取周圍環境及不同顏色的反射光，以讓機器人進行不同的動作。

【圖示】

接三號輸入端（Port3）顏色感測器

【外觀】顏色感測器的前端紅色部分內有上下兩個**LED**（上大，下小）。

【功能介紹】

　　1. 大**LED**燈：發出光線後，經光線照射物體後會反射光線。

　　2. 小**LED**燈：接收到反射的光線後，將資訊回傳給EV3主機。

【原理】

　　利用「顏色感測器」中的LED所發射的光線，經地面的反射光來偵測物體光線的強弱。

偵測「白色」物體	偵測「黑色」物體
白色的反射光較多	黑色的反射光較少

【EV3顏色感測器的規格表】

項目	教育EV3	教育NXT
外觀		
檢測到的顏色數	0 1 2 3 4 5 6 7 8種顏色（透明（無色）、黑、藍、綠、黃、紅、白色、棕色），其中0表示透明	6種顏色（黑，藍，綠，黃，紅，白色）
取樣率	1,000Hz（是指每秒取樣1000次）	330HZ（是指每秒取樣330次）
與偵物物之距離	15至50mm	≦20mm
自動識別	有支援	沒有支援

【資料來源】http://www.afrel.co.jp/en/archives/847

【EV3顏色感測器】

1. 在「顏色」模式下的測量範圍

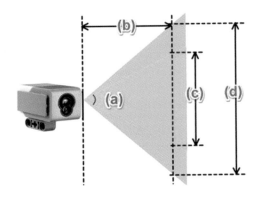

【說明】1.淺藍色的(a)部份就是「有效測量角度」45度角。

2.淺藍色的(b)部份就是「有效偵測距離」約53mm。

3.淺藍色的(c)部份就是「有效測量範圍」約54mm。

4.灰色的(d)部份就是「無效測量範圍」約88mm。

2. 在「反射光」模式下的測量範圍

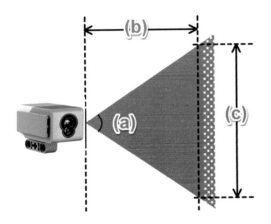

【說明】1.紅色的(a)部份就是「有效測量角度」53度角。

2.紅色的(b)部份就是「有效偵測距離」約53mm。

3.紅色的(c)部份就是「有效測量範圍」約73mm。

【資料來源】http://www.afrel.co.jp/en/archives/847

支援模式			
模式名稱	功能說明	單元	取得方法
Color ID	測量不同顏色的代碼	Color ID	getColorIDMode()
Red	測量紅色反射光的強度	N/A, Normalized to (0-1)	getRedMode()
RGB	測量不同顏色的RGB	N/A, Normalized to (0-1)	getRGBMode()
Ambient	測量環境的反射光強度	N/A, Normalized to (0-1)	getAmbientMode()

資料來源：http://www.lejos.org/ev3/docs/lejos/hardware/sensor/EV3ColorSensor.
html

【在LeJOS程式開發環境偵測「反射光」的回傳值】

行號	程式檔名：ch11_1.java
01	import lejos.hardware.Button;
02	import lejos.hardware.ev3.LocalEV3;
03	import lejos.hardware.lcd.LCD;
04	import lejos.hardware.port.Port;
05	import lejos.hardware.sensor.SensorModes;
06	import lejos.robotics.SampleProvider;
07	import lejos.utility.Delay;
08	import lejos.hardware.sensor.EV3ColorSensor;
09	
10	public class ch11_1 {
11	public static void main(String[] args) {
12	//設定顏色感測器
13	Port port = LocalEV3.*get*().getPort("S3");

14	SensorModes sensor = new EV3ColorSensor(port);
15	SampleProvider light = sensor.getMode("Red");
16	float[] sample = new float[light.sampleSize()];
17	while(!Button.*ENTER*.isDown())
18	{
19	light.fetchSample(sample, 0);
20	LCD.*drawString*("Light:" + sample[0]*100 + " ", 0, 3);
21	Delay.*msDelay*(1000);
22	}
23	}
24	}

【說明】

行號01～08：利用import關鍵字來引用Java的類別庫，亦即本程式所需要的類
別。

行號12～16：設定「顏色感應器」連接的3號輸入埠及偵測不同顏色的反射光。

行號17：利用while(true)永久迴圈來持續讓「顏色感測器」偵測環境的反射光。

行號19：利用fetchSample方法來取得環境的反射光（範圍為0~1之間的浮點
數）。

行號20～21：先將取得的反射光乘上100，再利用LCD.*drawString*方法來顯示反
射光值在螢幕上的座標位置1秒鐘。

【測試方式】請你準備兩張紙（黑色與白色），分別放在「顏色感測器」下方

 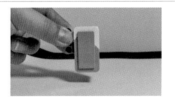

【測試結果】

黑色紙	白色紙
Light:30	Light:50

【回傳資訊】

　　1. 當偵測「黑色紙」時，回傳資訊約為「30%」。

　　2. 當偵測「白色紙」時，回傳資訊約為「50%」。

【感測值範圍】0到100之間（值愈大，即代表亮度愈大）。

【判定計算黑白線的門檻值】

　　顏色感測器設定值 =（白色最小值 + 黑色最大值）/2 = (50 + 30)/2 = 40。

　　機器人行進過程中，如果反射光數值大於40，可判定為白色地板；如果反射光數值小於40，可判定為黑線。

【應用時機】

　　1. 循跡機器人（沿著黑色行走）。

　　2. 垃圾車（循跡車 + 超音波感測器）。

　　3. 感應天黑天亮。

　　4. 在黑色地板走白色軌跡。

　　5. 尋找黑線。

【光源感應器的三種常用方法】

　　在了解光源感應器的偵測「反射光」方法之後，接下來，再說明它在「Eclipse整合開發軟體」中，常被使用的三種功能模組：

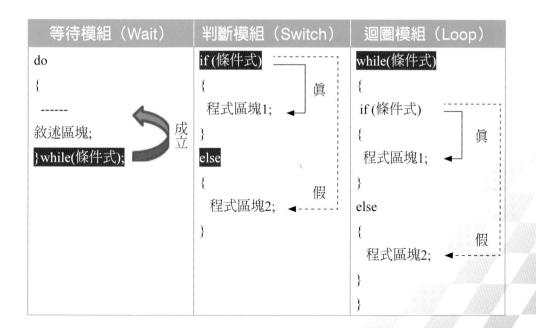

等待模組（Wait）	判斷模組（Switch）	迴圈模組（Loop）

do
{
　------ 	
敘述區塊;
}while(條件式);
	if(條件式)
	{
	　程式區塊1;
	}
	else
	{
	　程式區塊2;
	}
		while(條件式)
		{
		　if(條件式)
		　{
		　　程式區塊1;
		　}
		　else
		　{
		　　程式區塊2;
		　}
		}

11-2　等待模組（Wait）的顏色感測器

【功能】用來設定等待「顏色感測器」偵測到反射光小於「門檻值」時，再繼續
執行下一個動作。

【語法】

do/while迴圈
do
{

敘述區塊;
}while(條件式);

（圖中文字：成立）

【說明】1. 當while()後面有接「分號;」時，代表當作「等待指令」。

　　　　2. while迴圈，當條件式「成立」時，會反覆執行上面的敘述區塊。

【範例1】輪型機器人往前走，直到「光源感應器」偵測「黑線」時，就會「停
止」。

（一）示意圖

1. 原始狀態

終點區	行走區	出發區
	← - - - - - - - - -	

2. 遇黑線停止

終點區	行走區	出發區

(二) 組裝圖及流程圖

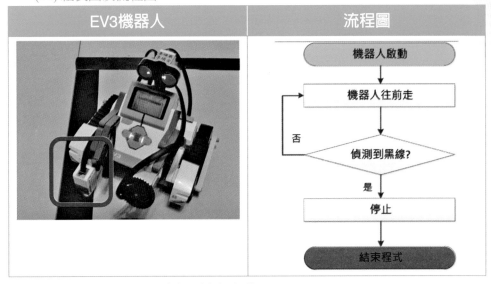

【說明】 關於組裝步驟，請參考隨書光碟。

(三) 程式碼

行號	程式檔名：ch11_2A.java
01	import lejos.hardware.Button;
02	import lejos.hardware.ev3.LocalEV3;
03	import lejos.hardware.lcd.LCD;
04	import lejos.hardware.motor.Motor;
05	import lejos.hardware.port.Port;
06	import lejos.hardware.sensor.SensorModes;
07	import lejos.robotics.SampleProvider;
08	import lejos.utility.Delay;
09	import lejos.hardware.sensor.EV3ColorSensor;
10	
11	public class ch11_2A {
12	public static void main(String[] args) {
13	//設定顏色感測器
14	Port port = LocalEV3.get().getPort("S3");
15	SensorModes sensor = new EV3ColorSensor(port);
16	SampleProvider light = sensor.getMode("Red");

```
17                    float[] sample = new float[light.sampleSize()];
18                    Motor.B.setSpeed(360); //設定C馬達速度為360(度/秒)
19                    Motor.C.setSpeed(360); //設定C馬達速度為360(度/秒)
20                    int count=0;
21                    LCD.drawString("count=" + count, 3, 4);
22              do
23                 {
24                        Motor.B.forward();
25                        Motor.C.forward();
26                        Delay.msDelay(400); //等待0.4秒
27                        light.fetchSample(sample, 0);
28                        if (sample[0]*100<40)
29                        {
30                             count+=1;
31                             LCD.drawString("count=" + count, 3, 4);
32                             Motor.B.stop();
33                             Motor.C.stop();
34                        }
35                 } while(count<1);
36              }
37           }
```

【說明】

行號01～09：利用import關鍵字來引用Java的類別庫，亦即本程式所需要的類別。

行號14～17：設定「顏色感應器」連接的3號輸入埠及偵測不同顏色的反射光。

行號18～19：利用setSpeed方法來設定馬達的速度。設定B與C馬達速度為360
（度／秒）。

行號20：宣告count計數器變數，用來儲存偵測黑線數。

行號21：利用drawString方法來顯示「字串+變數」資料到指定的座標位置。

行號22～35：利用do/while迴圈來持續行走並讓「顏色感測器」偵測是否有到
「黑線」。

行號24～25：利用forward()方法來控制B、C馬達前進。

行號26：利用msDelay()方法來控制「顏色感測器」偵測「黑線」的頻率。設定
400毫秒，代表每0.4秒偵測一次。

行號27：利用fetchSample方法來取得環境的反射光（範圍為0～1之間的浮點數）。

行號28～35：先將取得的反射光乘上100，再判斷是否偵測到「黑線」，如果是，
　　　　　　　則count計數器加1，並顯示次數到螢幕上，且「停止」馬達轉動。

【範例2】輪型機器人前進，判別黑線，180度迴轉（在兩條黑線之間來回2次）。

【解析】

　　(一) 示意圖

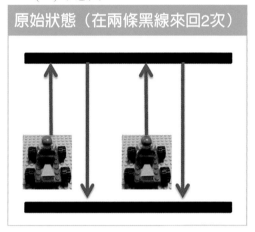

　　(二) 組裝圖及流程圖

EV3輪型機器人	流程圖
請參考上一題。	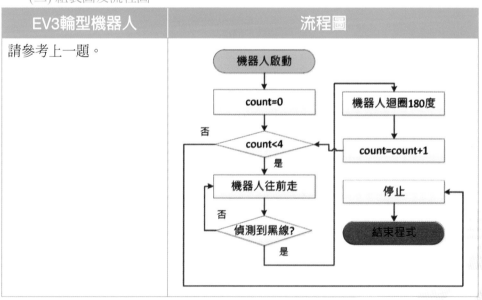

【說明】關於組裝步驟，請參考隨書光碟。

(三) 程式碼

行號	程式檔名：ch11_2B.java
01	import lejos.nxt.*;
02	import lejos.util.Delay;
03	public class ch11_2B {
04	public static void main(String[] args) {
05	LightSensor Light=new LightSensor(SensorPort.*S3*);
06	Motor.*B*.setSpeed(360); //設定C馬達速度為360(度/秒)
07	Motor.*C*.setSpeed(360); //設定C馬達速度為360(度/秒)
08	int count=0;
09	LCD.*drawString*("count=" + count, 3, 4);
10	do
11	{
12	Motor.*B*.forward();
13	Motor.*C*.forward();
14	Delay.*msDelay*(400); //等待0.4秒
15	if (Light.readValue()<40)
16	{
17	count+=1;
18	LCD.*drawString*("count=" + count, 3, 4);
19	Motor.*B*.stop();
20	Motor.*C*.stop();
21	Motor.*B*.rotate(-1120,true);
22	Motor.*C*.rotate(1120,false);
23	}
24	} while(count<4);
25	}
26	}

【說明】參考同上。

11-3 分岔模組（Switch）的顏色感測器

【定義】是指用來判斷「顏色感測器」偵測的反射光是否大於「門檻值」，如果「是」，則執行「程式區塊1」的分支；否則，就會執行「程式區塊2」的分支。

【分岔模組（Switch）語法】

```
if(條件式)
{
   程式區塊1;           眞
}
                        假
else
{
   程式區塊2;
}
```

【範例1】利用一個「顏色感測器」來控制軌跡車。

在國際奧林匹克機器人競賽（WRO）經常出現的軌跡賽，就可以利用顏色感測器來控制軌跡車如何前進。

【解析】

1. 機器人的「顏色感測器」偵測「黑線或白線」時右轉，而偵測「白線或黑線」時左轉。

2. 如果單獨使用分岔結構（Switch），只能偵測一次，無法反覆執行。

【解決方法】搭配無限制的「迴圈結構（Loop）」，可以讓你反覆操作此機器人的動作。

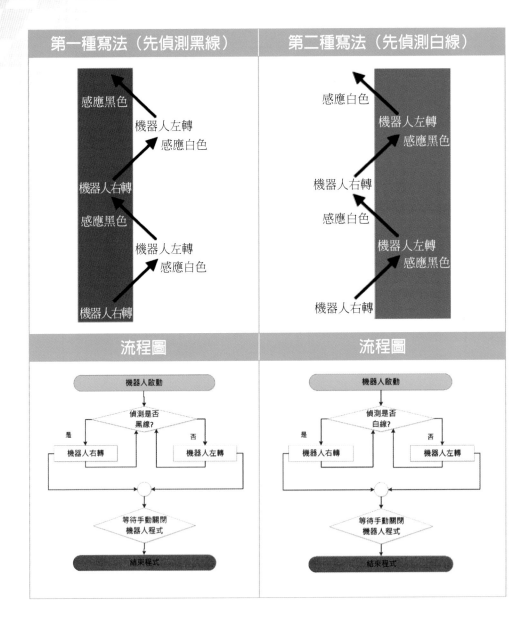

第一種寫法：先偵測黑線。

行號	程式檔名：ch11_3A.java
01	import lejos.hardware.Button;
02	import lejos.hardware.ev3.LocalEV3;
03	import lejos.hardware.motor.Motor;

```
04      import lejos.hardware.port.Port;
05      import lejos.hardware.sensor.SensorModes;
06      import lejos.robotics.SampleProvider;
07      import lejos.hardware.sensor.EV3ColorSensor;
08
09      public class ch11_3A {
10          public static void main(String[] args) {
11              //設定顏色感測器
12              Port port = LocalEV3.get().getPort("S3");
13              SensorModes sensor = new EV3ColorSensor(port);
14              SampleProvider light = sensor.getMode("Red");
15              float[] sample = new float[light.sampleSize()];
16              Motor.B.setSpeed(720); //設定C馬達速度為720(度/秒)
17              Motor.C.setSpeed(720); //設定C馬達速度為720(度/秒)
18              while(!Button.ENTER.isDown())
19              {
20                  light.fetchSample(sample, 0);
21                  if (sample[0]*100<40)
22                  {
23                      Motor.B.forward();
24                      Motor.C.stop();
25                  }
26                  else
27                  {
28                      Motor.B.stop();
29                      Motor.C.forward();
30                  }
31              }//while end
32          }
33      }
```

【說明】

行號01～19：參考同上。

行號20：利用永久迴圈來持續讓「顏色感測器」偵測地板的反射光數值。

行號23～27：如果反射光數值小於40，可判定為「黑線」，向右轉。

行號28～32：如果反射光數值大於40，可判定為「白線」，向左轉。

第二種寫法：先偵測白線

行號	程式檔名：ch11_3B.java
01	import lejos.hardware.Button;
02	import lejos.hardware.ev3.LocalEV3;
03	import lejos.hardware.motor.Motor;
04	import lejos.hardware.port.Port;
05	import lejos.hardware.sensor.SensorModes;
06	import lejos.robotics.SampleProvider;
07	import lejos.hardware.sensor.EV3ColorSensor;
08	
09	public class ch11_3B {
10	public static void main(String[] args) {
11	//設定顏色感測器
12	Port port = LocalEV3.*get*().getPort("S3");
13	SensorModes sensor = new EV3ColorSensor(port);
14	SampleProvider light = sensor.getMode("Red");
15	float[] sample = new float[light.sampleSize()];
16	Motor.*B*.setSpeed(720); //設定C馬達速度為720(度/秒)
17	Motor.*C*.setSpeed(720); //設定C馬達速度為720(度/秒)
18	while(!Button.*ENTER*.isDown())
19	{
20	light.fetchSample(sample, 0);
21	if (sample[0]*100>40)
22	{
23	Motor.*B*.forward();
24	Motor.*C*.stop();
25	}
26	else
27	{
28	Motor.*B*.stop();
29	Motor.*C*.forward();
30	}
31	}//while end
32	}
33	}

【說明】只需修改行號21即可。

11-4　迴圈模組（Loop）的顏色感測器

【定義】用來等待「顏色感測器」偵測到反射光小於「門檻值」時，就會結束迴圈。

【迴圈模組（Loop）語法】

```
while(條件式)
{
程式區塊1; //條式「成立」時執行
}
  程式區塊2; //條式「不成立」時執行
```

【範例】利用「顏色感測器」偵測到第三線黑線就停止。

【解析】

(一) 示意圖

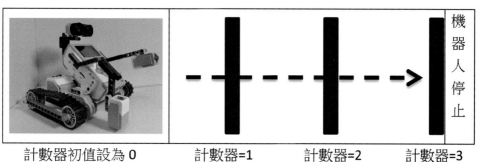

計數器初值設為 0　　　計數器=1　　　計數器=2　　　計數器=3

(二) 流程圖

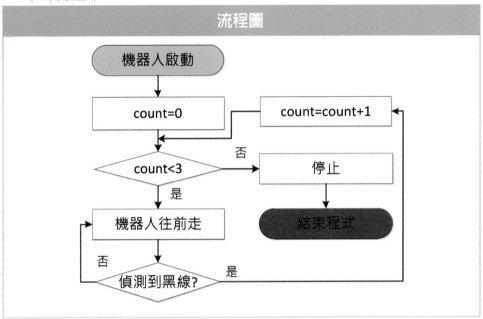

(三) 程式碼

行號	程式檔名：ch11_4.java
01	import lejos.hardware.Button;
02	import lejos.hardware.ev3.LocalEV3;
03	import lejos.hardware.lcd.LCD;
04	import lejos.hardware.motor.Motor;
05	import lejos.hardware.port.Port;
06	import lejos.hardware.sensor.SensorModes;
07	import lejos.robotics.SampleProvider;
08	import lejos.utility.Delay;
09	import lejos.hardware.sensor.EV3ColorSensor;
10	
11	public class ch11_4 {
12	public static void main(String[] args) {
13	//設定顏色感測器
14	Port port = LocalEV3.*get*().getPort("S3");
15	SensorModes sensor = new EV3ColorSensor(port);

16	SampleProvider light = sensor.getMode("Red");
17	float[] sample = new float[light.sampleSize()];
18	Motor.*B*.setSpeed(360); //設定C馬達速度為360(度/秒)
19	Motor.*C*.setSpeed(360); //設定C馬達速度為360(度/秒)
20	int count=0;
21	LCD.*drawString*("count=" + count, 3, 4);
22	while(count<3)
23	{
24	Motor.*B*.forward();
25	Motor.*C*.forward();
26	Delay.*msDelay*(500); //等待0.5秒
27	light.fetchSample(sample, 0);
28	**if (sample[0]*100<40)**
29	{
30	count+=1;
31	LCD.*drawString*("count=" + count, 3, 4);
32	}
33	}//while end
34	Motor.*B*.stop();
35	Motor.*C*.stop();
36	}
37	}

【說明】

行號01～17：參考同上。

行號18～19：利用setSpeed方法來設定馬達的速度。設定B與C馬達速度為360
（度／秒）。

行號20：宣告count計數器變數，用來儲存偵測黑線數。

行號21：利用drawString方法來顯示「字串＋變數」資料到指定的座標位置。

行號22～33：利用while迴圈來持續行走並讓「顏色感測器」偵測是否偵測到
「黑線」。

行號24～25：利用forward()方法來控制B、C馬達前進。

行號26：利用msDelay()方法來控制「顏色感測器」偵測「黑線」的頻率。設定
500毫秒，代表每0.5秒偵測一次。

行號28～32：如果偵測到「黑線」時，則count計數器加1，並顯示次數到螢幕
上。

行號34～35：利用stop()方法來控制馬達「停止」轉動。

11-5　顏色感測器控制馬達動作

假設我們已經組裝完成一台輪型機器人，想讓機器人依照偵測不同的反射光
大小來決定前進的快慢。此時，我們必須要透過「光源感應器」來偵測不同顏色
的「反射光」，並且將此「反射值的數值資料」傳給「馬達」中的setSpeed()。

【範例】光源控制馬達的速度

將「光源感應器」偵測反射光強度輸出後，透過數學的「加法」運算乘上
10，再輸出給馬達當作為它的「速度」輸入。

行號	程式檔名：ch11_5.java
01	import lejos.hardware.Button;
02	import lejos.hardware.ev3.LocalEV3;
03	import lejos.hardware.motor.Motor;
04	import lejos.hardware.port.Port;
05	import lejos.hardware.sensor.SensorModes;
06	import lejos.robotics.SampleProvider;
07	import lejos.hardware.sensor.EV3ColorSensor;
08	
09	public class ch11_5 {
10	public static void main(String[] args) {
11	//設定顏色感測器
12	Port port = LocalEV3.*get*().getPort("S3");
13	SensorModes sensor = new EV3ColorSensor(port);
14	SampleProvider light = sensor.getMode("Red");
15	float[] sample = new float[light.sampleSize()];
16	float speed=0;
17	while(!Button.*ENTER*.isDown())
18	{
19	light.fetchSample(sample, 0);
20	speed=sample[0]*100*10;

21	Motor.*B*.setSpeed(speed);
22	Motor.*C*.setSpeed(speed);
23	Motor.*B*.forward();
24	Motor.*C*.forward();
25	}
26	}
27	}

【說明】

行號01～15：參考同上。

行號16：宣告speed變數，用來儲存偵測反射光的值*10。

行號17～25：利用while迴圈來持續利用「顏色感測器」偵測反射光，並指定給
　　　　　　馬達的速度。以便讓機器人依照不同的反射光值來調整速度。

11-6　陣列在顏色感測器上的實務應用

在前面的單元中，雖然我們可以利用「顏色感測器」來連續偵測環境的反射
光，但是，如果我們想利用機器人每間隔一段時間偵測一次，並且將偵測量儲存
起來，以便進一步分析時，此時，我們就必須要透過「陣列」來處理了。

【範例】利用「顏色感測器」來連續偵測及儲存資料。

請利用「顏色感測器」，每間隔2秒偵測一次不同顏色的「色紙」，連續5
張，並將反射光偵測量儲存到一維陣列中。

【準備材料】五張不同的色紙。

【LeJOS程式】

行號	程式檔名：ch11_6.java
01	import lejos.hardware.Button;
02	import lejos.hardware.ev3.LocalEV3;
03	import lejos.hardware.lcd.LCD;
04	import lejos.hardware.port.Port;
05	import lejos.hardware.sensor.SensorModes;
06	import lejos.robotics.SampleProvider;
07	import lejos.utility.Delay;
08	import lejos.hardware.sensor.EV3ColorSensor;

```
09    public class ch11_6 {
10         public static void main(String[] args) {
11              //設定顏色感測器
12              Port port = LocalEV3.get().getPort("S3");
13              SensorModes sensor = new EV3ColorSensor(port);
14              SampleProvider light = sensor.getMode("Red");
15              float[] sample = new float[light.sampleSize()];
16              float[] A =new float[5];
17               for (int i=0;i<5;i++)
18               {
19                 light.fetchSample(sample, 0);
20                 A[i]=sample[0]*100;
21                 LCD.drawString("count" + (i+1) + ":" + A[i] , 0, i);
22                 Delay.msDelay(2000); //等待2秒
23               }
24               Button.waitForAnyPress();
25         }
26    }
```

【說明】

行號01～15：參考同上。

行號17：宣告A為整數陣列，其空間大小為5位連續位置。

行號18～24：利用while迴圈來每間隔2秒利用「顏色感測器」偵測反射光，指定
　　　　　　給A陣列，並顯示在螢幕上。

【延伸學習】

　　資料來源：TTRA機器人檢定「術科」題庫。

1. 機器蟑螂

　　(1)以光線照射機器人，機器人停止不動。

　　(2)移開光源，機器人直線前進。

　　場地需求：利用手機中的「手電筒」或傳統的手電筒皆可。

【解析】

(一) 組裝圖

(二) 流程圖

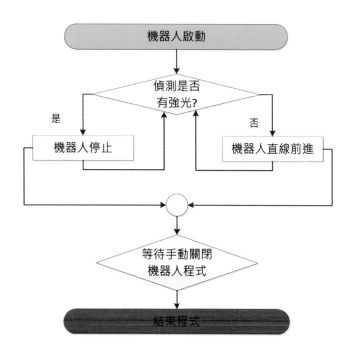

2. 太陽能車

(1)以光線照射機器人，機器人開始直線前進。

(2)移開光源，機器人停止不動。

場地需求：利用手機中的「手電筒」或傳統的手電筒皆可。

【解析】

(一) 組裝圖

請參考上一題的圖。

(二) 流程圖

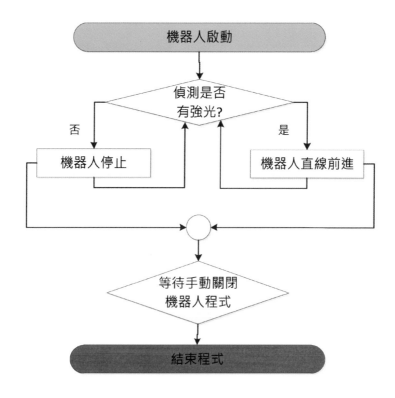

第十二章
機器人走迷宮
（超音波感測器）

本章學習目標

1. 了解樂高機器人輸入端的「超音波感測器」之定義及原理。
2. 了解樂高機器人的「超音波感測器」之四大模組的各種使用方法。

本章內容

第十二章 機器人走迷宮 （超音波感測器）

12-1 認識超音波感測器

【定義】類似人類的眼睛，可以偵測距離的遠近。

【目的】可以偵測前方是否有「障礙物」或「目標物」，以讓機器人進行不同的動作。

【外觀圖示】

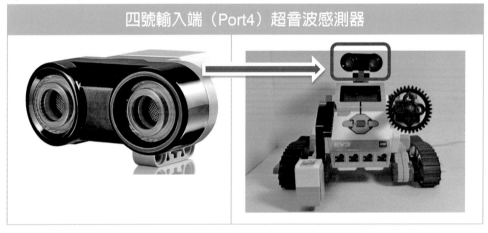

四號輸入端（Port4）超音波感測器

【說明】超音波感測器的前端橘色部分為「發射」與「接收」兩端，感測器主要是作為偵測前方物體的距離。

【回傳資訊】可分為inch（英吋）和cm（公分）兩種不同的距離單位。

【原理】利用「聲納」技術，「超音波」發射後撞到物體表面並接收「反射波」，從「發射」到「接收」的時間差，即可求出「感應器與物體」之間的「距離」。

【原理之圖解說明】

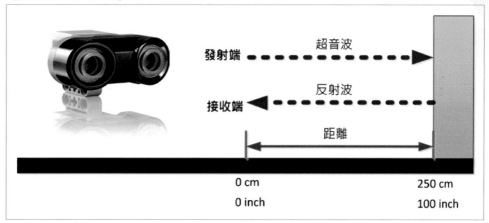

【距離的單位】公分（cm）或英吋（inch）。

【感測值範圍】0～250公分或0～100英吋。

【誤差值】±3cm。

【感測角度】150度。

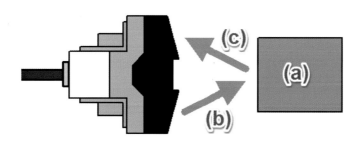

【EV3超音波感測器的規格表】

項目	教育EV3	教育NXT
測量的距離	理論值：3～250公分 實際測量：1～160公分	理論值：3～250公分 實際測量：1～160公分
測量角度	約20度（實測）	約20度（實測）
精度距離的測量	±1厘米	±3厘米

項目	教育EV3	教育NXT
照明在前面	照明：發送超聲波	沒有
	閃爍：接收超聲波	
從外部接收功能的超聲波	是的	沒有
測量模式	3種模式：距離（厘米）/ 距離（英吋）/ 在線	2種模式：距離（厘米）/ 距離（英吋）
自動識別	有支援	沒有支援

【資料來源】http://www.afrel.co.jp/en/archives/844

【EV3超音波感測器的測量範圍】

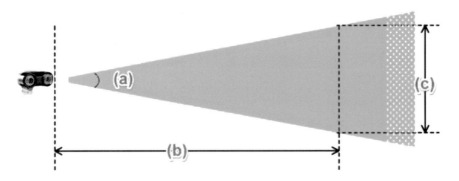

【說明】 1. 綠色的(a)部份就是「有效測量角度」20度角。

2. 綠色的(b)部份就是「有效偵測距離」約60公分。

3. 綠色的(c)部份就是「有效測量範圍」約22公分。

【二種模式】

在傳感器前面的EV3超聲波傳感器測量到對象的距離。

支援模式			
模式名稱	功能說明	單元	取得方法
Distance	偵測前方的距離	距離	getDistanceMode ()
Listen	偵聽其他超聲波傳感器	布林值	getListenMode ()

【在LeJOS程式開發環境偵測「距離」的回傳值】

行號	程式檔名：ch12_1.java
01	import lejos.hardware.Button;
02	import lejos.hardware.ev3.LocalEV3;
03	import lejos.hardware.port.Port;
04	import lejos.hardware.sensor.EV3UltrasonicSensor;
05	import lejos.hardware.sensor.SensorModes;
06	import lejos.robotics.SampleProvider;
07	
08	public class ch12_1 {
09	public static void main(String[] args) {
10	Port port = LocalEV3.get().getPort("S4");
11	SensorModes sensor = new EV3UltrasonicSensor(port);
12	SampleProvider distance= sensor.getMode("Distance");
13	float[] sample = new float[distance.sampleSize()];
14	while(!Button.*ENTER*.isDown())
15	{
16	distance.fetchSample(sample, 0);
17	System.*out*.println(Math.floor(sample[0]*100));
18	}
19	}
20	}
21	

【說明】

行號01～06：利用import關鍵字來引用Java的類別庫，亦即本程式所需要的類別。

行號10～13：設定「超音波感應器」連接的4號輸入埠及偵測前方的距離。

行號14：利用while(true)永久迴圈來持續讓「超音波感測器」偵測前方的距離。

行號16：利用fetchSample方法來取得前方的距離（範圍為0～1之間的浮點數）。

行號17：先將取得的距離乘上100，再利用Math.floor方法來取整數值，最後顯示到螢幕上。

【測試方式】請你將手分別放在「超音波感測器」前面近一點與前面遠一點。

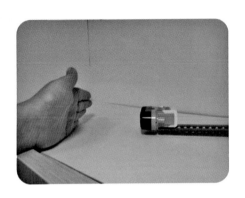

【測試結果】

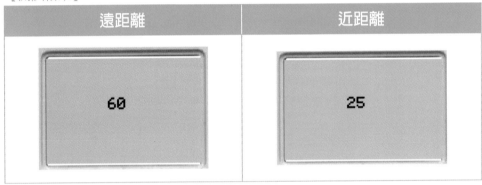

遠距離	近距離
60	25

【回傳資訊】如上圖所示。

　　1. 當偵測「遠距離」時，回傳資訊約為「60」。

　　2. 當偵測「近距離」時，回傳資訊約為「25」。

【與觸碰感測器之不同處】

　　機器人的超音波偵測到物體，並在撞上去之前躲開，此功能是觸碰感測器所辦不到的。

【注意】它在測量環境改變的時候，反應的速度最慢，亦即有反映的「時間差」。

【適用時機】

1. 偵測前方的牆壁。

2. 偵測有人靠近機器人。

3. 量測距離。

【超音波感應器的三種常用方法】

在了解超音波感應器的偵測「距離」方法之後，接下來再說明它在「Eclipse 整合開發軟體」中，常被使用的三種功能模組：

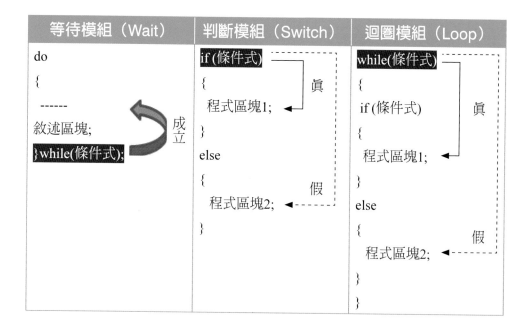

12-2 等待模組（Wait）的超音波感測器

【功能】用來設定等待「超音波感測器」偵測前方障礙物小於「門檻值」時，再繼續執行下一個動作。

【語法】

do/while迴圈
do { 　------ 敘述區塊; }while(條件式);  成立

【說明】1. 當while()後面有接分號「;」時，代表它被當作「等待指令」。

2. while迴圈，當條件式「成立」時，會反覆執行上面的敘述區塊。

【範例1】輪型機器人往前走，直到「超音波感測器」偵測前方25公分處有「障礙物」時，就會「停止」。

【解析】

(一) 示意圖

1. 原始狀態

終點區	行走區	出發區

2. 前進至偵測前方有牆壁停止

終點區	行走區	出發區

(二) 組裝圖及流程圖

EV3機器人	流程圖
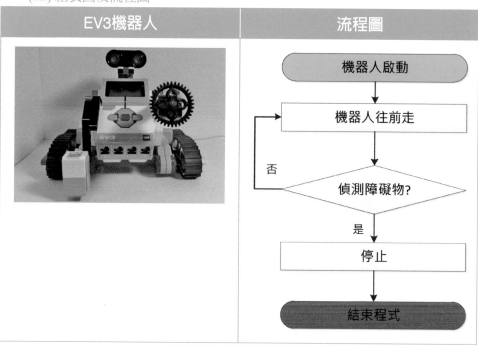	

【說明】關於組裝步驟，請參考隨書光碟。

(三) 程式碼

行號	程式檔名：ch12_2A.java
01	import lejos.hardware.ev3.LocalEV3;
02	import lejos.hardware.motor.Motor;
03	import lejos.hardware.port.Port;
04	import lejos.hardware.sensor.EV3UltrasonicSensor;

```
05      import lejos.hardware.sensor.SensorModes;
06      import lejos.robotics.SampleProvider;
07      import lejos.utility.Delay;
08      public class ch12_2A {
09          public static void main(String[] args) {
10              Port port = LocalEV3.get().getPort("S4");
11              SensorModes sensor = new EV3UltrasonicSensor(port);
12              SampleProvider distance= sensor.getMode("Distance");
13              float[] sample = new float[distance.sampleSize()];
14              Motor.B.setSpeed(360); //設定C馬達速度為360(度/秒)
15              Motor.C.setSpeed(360); //設定C馬達速度為360(度/秒)
16              int count=0;
17              do
18              {
19                  Motor.B.forward();
20                  Motor.C.forward();
21                  Delay.msDelay(400); //等待0.4秒
22                  distance.fetchSample(sample, 0);
23                  if (Math.floor(sample[0]*100)<25)
24                  {
25                      count+=1;
26                      Motor.B.stop();
27                      Motor.C.stop();
28                  }
29              }while(count<1);
30          }
31      }
```

【說明】

行號01～06：利用import關鍵字來引用Java的類別庫，亦即本程式所需要的類別。

行號10～13：設定「超音波感應器」連接的4號輸入埠及偵測前方的距離。

行號14～15：利用setSpeed方法來設定馬達的速度。設定B與C馬達速度為360（度／秒）。

行號16：宣告count計數器變數，用來記錄偵測次數。

行號17～29：利用do/while迴圈來持續行走並讓「超音波感測器」偵測前方的距離。

行號19～20：利用forward()方法來控制B、C馬達前進。

行號22：利用fetchSample方法來取得前方的距離（範圍為0～1之間的浮點數）。

行號23：先將取得的距離乘上100，再利用Math.floor方法來取整數值，最後判斷前方的距離是否小於25公分。

行號24～28：如果偵測前方有障礙物時，則count計數器加1，並且「停止」馬達轉動。

【範例2】

　　讓EV3機器人在兩個障礙物之間來回行駛（來回2次）。

【解析】

　　(一) 示意圖

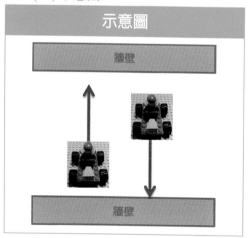

(二) 組裝圖及流程圖

EV3機器人	流程圖

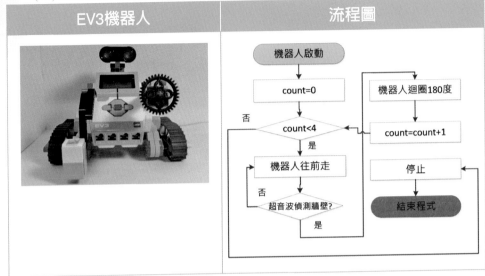

【說明】關於組裝步驟，請參考隨書光碟。

(三) 程式碼

行號	程式檔名：ch12_2B.java
01	import lejos.hardware.ev3.LocalEV3;
02	import lejos.hardware.lcd.LCD;
03	import lejos.hardware.motor.Motor;
04	import lejos.hardware.port.Port;
05	import lejos.hardware.sensor.EV3UltrasonicSensor;
06	import lejos.hardware.sensor.SensorModes;
07	import lejos.robotics.SampleProvider;
08	public class ch12_2B {
09	public static void main(String[] args) {
10	Port port = LocalEV3.get().getPort("S4");
11	SensorModes sensor = new EV3UltrasonicSensor(port);
12	SampleProvider distance= sensor.getMode("Distance");
13	float[] sample = new float[distance.sampleSize()];
14	Motor.B.setSpeed(360); //設定C馬達速度為360(度/秒)
15	Motor.C.setSpeed(360); //設定C馬達速度為360(度/秒)
16	int count=0;
17	LCD.drawString("count=" + count, 3, 4);

```
18                    do
19                     {
20                              Motor.B.forward();
21                              Motor.C.forward();
22                              distance.fetchSample(sample, 0);
23                              if (Math.floor(sample[0]*100)<25)
24                              {
25                                      count+=1;
26                                      LCD.drawString("count=" + count, 3, 4);
27                                      Motor.B.stop();
28                                      Motor.C.stop();
29                                      Motor.B.rotate(-1120,true);
30                                      Motor.C.rotate(1120,false);
31                              }
32                     }while(count<4);
33             }
34    }
```

【說明】參考同上。

【範例3】機器人走迷宮（利用「等待模組」）。

　　在國際奧林匹克機器人競賽(WRO)經常出現的「機器人走迷宮」，就是利用超音波感測器來完成。

| 入口出發 | 尋找迷宮路徑 | 順利找到出口 |

【解析】

1. 機器人的「超音波感測器」偵測前方有「障礙物」時，「向右轉」或「向左轉」1/4圈，否則向前走。

2. 如果單獨使用「等待模組」，只能執行一次，無法反覆執行。

【解決方法】搭配無限制的「迴圈結構（Loop）」，可以讓你反覆操作此機器
人的動作。

【常見的兩種情況】

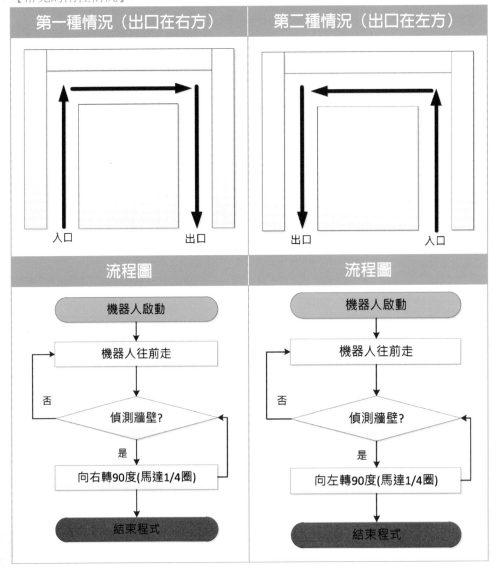

【LeJOS程式碼】

行號	程式檔名：ch12_2C.java
01	import lejos.hardware.Button;
02	import lejos.hardware.ev3.LocalEV3;
03	import lejos.hardware.motor.Motor;
04	import lejos.hardware.port.Port;
05	import lejos.hardware.sensor.EV3UltrasonicSensor;
06	import lejos.hardware.sensor.SensorModes;
07	import lejos.robotics.SampleProvider;
08	public class ch12_2C {
09	public static void main(String[] args) {
10	Port port = LocalEV3.get().getPort("S4");
11	SensorModes sensor = new EV3UltrasonicSensor(port);
12	SampleProvider distance= sensor.getMode("Distance");
13	float[] sample = new float[distance.sampleSize()];
14	Motor.*B*.setSpeed(720); //設定C馬達速度為720(度/秒)
15	Motor.*C*.setSpeed(720); //設定C馬達速度為720(度/秒)
16	do
17	{
18	Motor.*B*.forward();
19	Motor.*C*.forward();
20	distance.fetchSample(sample, 0);
21	if (Math.floor(sample[0]*100)<35)
22	{
23	Motor.*B*.stop();
24	Motor.*C*.stop();
25	Motor.*B*.rotate(-45,true);
26	Motor.*C*.rotate(45,false);
27	}
28	}while(!Button.*ENTER*.isDown());
29	}
30	}

【說明】參考同上。

12-3 分岔模組（Switch）的超音波感測器

【定義】是指用來判斷「超音波感測器」偵測距離是否小於「門檻值」時，如果「是」，則執行「程式區塊1」的分支；否則，就會執行「程式區塊2」的分支。

【分岔模組（Switch）語法】

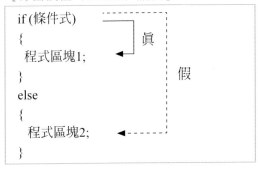

【範例1】機器人走迷宮（利用「分岔模組」）。

　　承上一題所使用的「等待模組」，在本範例中，請它改用「分岔模組」，但是，如果單獨使用分岔結構（Switch），只能偵測一次，無法反覆執行。

【解決方法】搭配無限制的「迴圈結構（Loop）」，可以讓你反覆操作此機器人的動作。

【LeJOS程式碼】

行號	程式檔名：ch12_3A.java
01	import lejos.nxt.*;
02	public class ch12_3A {
03	public static void main(String[] args) {
04	UltrasonicSensor Ultrasonic=new UltrasonicSensor(SensorPort.*S4*);
05	Motor.*B*.setSpeed(360); //設定C馬達速度為360(度/秒)
06	Motor.*C*.setSpeed(360); //設定C馬達速度為360(度/秒)
07	while(!Button.*ENTER*.isDown())
08	{
09	if (Ultrasonic.getDistance()<25)
10	{
11	Motor.*B*.stop();

12	Motor.*C*.stop();
13	}
14	else
15	{
16	Motor.*B*.forward();
17	Motor.*C*.forward();
18	}
19	}
20	}
21	}

【說明】參考同上。

【範例2】機器人前後徘徊（不敢攻城的機器人）。

　　機器人向前進，當「超音波感應器」偵測前方30公分有障礙物時，則機器人後退，反覆進行此程序。

【解析】

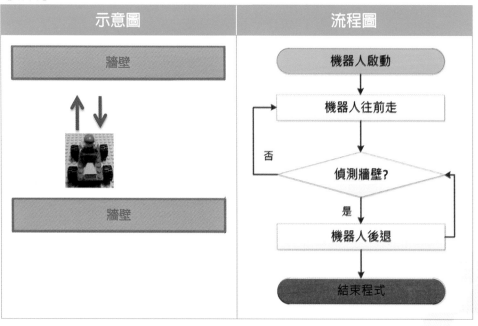

【LeJOS程式碼】

行號	程式檔名：ch12_3B.java
01	import lejos.hardware.Button;
02	import lejos.hardware.ev3.LocalEV3;
03	import lejos.hardware.motor.Motor;
04	import lejos.hardware.port.Port;
05	import lejos.hardware.sensor.EV3UltrasonicSensor;
06	import lejos.hardware.sensor.SensorModes;
07	import lejos.robotics.SampleProvider;
08	public class ch12_3B {
09	public static void main(String[] args) {
10	Port port = LocalEV3.get().getPort("S4");
11	SensorModes sensor = new EV3UltrasonicSensor(port);
12	SampleProvider distance= sensor.getMode("Distance");
13	float[] sample = new float[distance.sampleSize()];
14	Motor.B.setSpeed(360); //設定C馬達速度為360(度/秒)
15	Motor.C.setSpeed(360); //設定C馬達速度為360(度/秒)
16	while(!Button.*ENTER*.isDown())
17	{
18	distance.fetchSample(sample, 0);
19	if (Math.floor(sample[0]*100)<30)
20	{
21	Motor.*B*.backward();
22	Motor.*C*.backward();
23	}
24	else
25	{
26	Motor.*B*.forward();
27	Motor.*C*.forward();
28	}
29	}
30	}
31	}

【說明】參考同上。

12-4　迴圈模組（Loop）的超音波感測器

【定義】用來等待「超音波感測器」偵測距離小於「門檻值」時，就會結束迴
圈。

【迴圈模組（Loop）語法】

```
while(條件式)
{
程式區塊1; //條式「成立」時執行
}
  程式區塊2; //條式「不成立」時執行
```

【範例1】機器人向前走，直到超音波感應器偵測前方有「障礙物」時，就會結
束迴圈。

【解析】

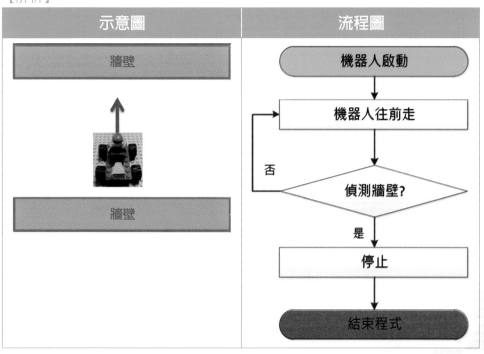

【LeJOS程式碼】

行號	程式檔名：ch12_4A.java
01	import lejos.hardware.Button;
02	import lejos.hardware.ev3.LocalEV3;
03	import lejos.hardware.motor.Motor;
04	import lejos.hardware.port.Port;
05	import lejos.hardware.sensor.EV3UltrasonicSensor;
06	import lejos.hardware.sensor.SensorModes;
07	import lejos.robotics.SampleProvider;
08	public class ch12_4A {
09	public static void main(String[] args) {
10	Port port = LocalEV3.get().getPort("S4");
11	SensorModes sensor = new EV3UltrasonicSensor(port);
12	SampleProvider distance= sensor.getMode("Distance");
13	float[] sample = new float[distance.sampleSize()];
14	Motor.*B*.setSpeed(720); //設定C馬達速度為720(度/秒)
15	Motor.*C*.setSpeed(720); //設定C馬達速度為720(度/秒)
16	while(!Button.*ENTER*.isDown())
17	{
18	distance.fetchSample(sample, 0);
19	if (Math.floor(sample[0]*100)>25)
20	{
21	Motor.*B*.forward();
22	Motor.*C*.forward();
23	}
24	else
25	{
26	Motor.*B*.stop();
27	Motor.*C*.stop();
28	}
29	}
30	}
31	}

【說明】參考同上。

12-5　超音波感測器控制其他模組

假設我們已經組裝完成一台輪型機器人，想讓機器人依照偵測距離的遠近來決定前進的快慢。亦即機器人越接近障礙物時，速度越慢。此時，我們必須要透過「超音波感應器」來偵測前方障礙物的「距離」，並且將此「距離的數值資料」傳給「馬達」中的setSpeed。

【範例1】超音波偵測的距離來控制馬達的速度。

將「超音波感應器」偵測距離長度輸出後，透過數學的「加法」運算乘上10，再輸出給馬達當作爲它的「速度」輸入。

【解析】

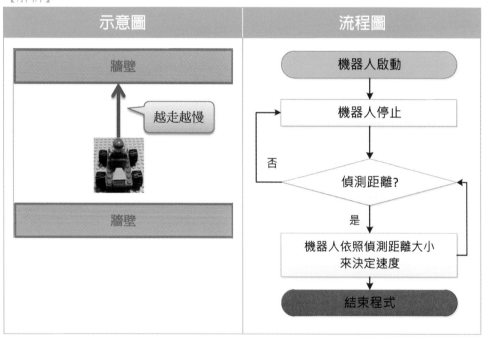

【LeJOS程式碼】

行號	程式檔名：ch12_5A.java
01	import lejos.hardware.Button;
02	import lejos.hardware.ev3.LocalEV3;
03	import lejos.hardware.motor.Motor;

```
04    import lejos.hardware.port.Port;
05    import lejos.hardware.sensor.EV3UltrasonicSensor;
06    import lejos.hardware.sensor.SensorModes;
07    import lejos.robotics.SampleProvider;
08    public class ch12_5A {
09        public static void main(String[] args) {
10            Port port = LocalEV3.get().getPort("S4");
11            SensorModes sensor = new EV3UltrasonicSensor(port);
12            SampleProvider distance= sensor.getMode("Distance");
13            float[] sample = new float[distance.sampleSize()];
14            float speed=0;
15            while(!Button.ENTER.isDown())
16            {
17                distance.fetchSample(sample, 0);
18                speed=(float)Math.floor(sample[0]*100)*10;
19                Motor.B.setSpeed(speed);
20                Motor.C.setSpeed(speed);
21                Motor.B.forward();
22                Motor.C.forward();
23            }
24        }
25    }
```

【說明】參考同上。

【範例2】機器人往前走，只要達成「觸碰感應器」或「超音波感應」的其中一
項條件便停下來。

【LeJOS程式碼】

行號	程式檔名：ch12_5B.java
01	import lejos.hardware.Button;
02	import lejos.hardware.ev3.LocalEV3;
03	import lejos.hardware.motor.Motor;
04	import lejos.hardware.port.Port;
05	import lejos.hardware.sensor.EV3UltrasonicSensor;
06	import lejos.hardware.sensor.SensorModes;

```
07      import lejos.robotics.SampleProvider;
08      import lejos.hardware.sensor.EV3TouchSensor;
09      public class ch12_5B {
10              public static void main(String[] args) {
11              //設定觸碰感測器
12              Port port1 = LocalEV3.get().getPort("S1");
13              SensorModes sensor1=new EV3TouchSensor(port1);
14              SampleProvider touch= sensor1.getMode("Touch");
15              float[] sample1 = new float[touch.sampleSize()];
16              //設定超音波感測器
17              Port port2 = LocalEV3.get().getPort("S4");
18              SensorModes sensor2 = new EV3UltrasonicSensor(port2);
19              SampleProvider distance= sensor2.getMode("Distance");
20              float[] sample2 = new float[distance.sampleSize()];
21
22              while(!Button.ENTER.isDown())
23                      {
24                          touch.fetchSample(sample1, 0);
25                      distance.fetchSample(sample2, 0);
26                      if (sample1[0]>=1.0 || Math.floor(sample2[0]*100)<25)
27                      {
28                              Motor.B.stop();
29                              Motor.C.stop();
30                      }
31                      else
32                      {
33                              Motor.B.forward();
34                              Motor.C.forward();
35                      }
36              }
37          }
38      }
```

【說明】參考同上。

【延伸學習】

資料來源：TTRA機器人檢定「術科」題庫。

1. 機器人使用超音波感應器，前進至距離牆壁一定距離停止。

   題目規定動作：

   (1)機器人置於出發區。

   (2)裁判提示後開始執行程式。

   (3)機器人需停止於牆壁前一定距離的終點區。

   (4)機器人需使用超音波感應器完成任務。

   場地需求：出發區與終點區、牆壁。

【解析】

(一) 示意圖

1. 原始狀態

終點區	行走區	出發區

2. 前進至偵測前方有牆壁停止

終點區	行走區	出發區

(二) 組裝圖

| NXT輪型機器人 | EV3輪型機器人 |

(三) 流程圖

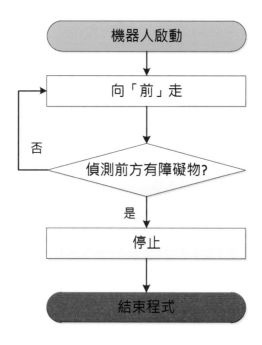

2. 機器人使用超音波感應器，前進至距離牆壁一定距離後停止，機器人回頭，回到出發區停止。

題目規定動作：

(1)機器人置於出發區。

(2)裁判提示後開始執行程式。

(3)機器人需停止於牆壁前一定距離的終點區。

(4)機器人返回出發區。偵測牆壁後，停止於出發區。

(5)機器人需使用超音波感應器完成任務。

場地需求：出發區與終點區、牆壁。

【解析】

(一) 示意圖

1. 原始狀態

2. 前進至偵測前方有牆壁停止

3. 機器人回頭

4. 回到出發區停止

終點區	行走區	出發區

(二) 組裝圖

請參考第一題的圖。

(三) 流程圖

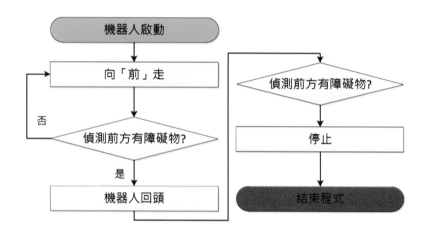

3. 機器人使用超音波感應器，非接觸式迷宮，單一路徑。

題目規定動作：

(1)機器人置於出發區。

(2)裁判提示後開始執行程式。

(3)機器人以超音波感應器偵測牆壁，進行轉向。

(4)機器人以走到終點區為目標，機器人必須停止於終點區。

(5)機器人需使用超音波感應器完成任務。

場地需求：出發區與終點區、牆壁。

【解析】

(一) 示意圖

入口出發	尋找迷宮路徑	順利找到出口

(二) 組裝圖

請參考隨書光碟中的組裝圖。上面例子是利用履帶式坦克來走迷宮。

(三) 流程圖

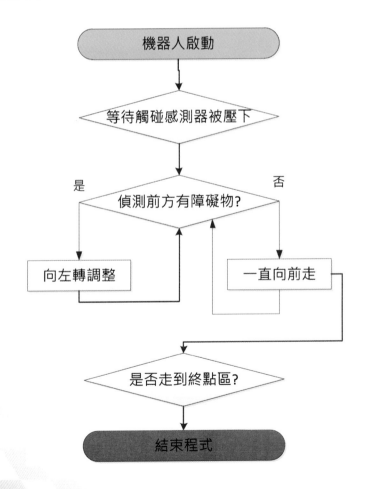

4. 機器人使用指定之感應器，從出發區走至終點區。（觸碰感應器、光源感應器、超音波感應器）

題目規定動作：

(1)機器人放置於出發區。

(2)裁判提示後開始執行程式。

(3)機器人以走到終點區為目標，機器人必須停止於終點區。

(4)機器人需使用指定之感應器完成任務。

場地需求：出發區與終點區、白線、牆壁、軌跡線。

【解析】

(一) 組裝圖

EV3履帶型機器人

【說明】組裝一台履帶型機器人，關於組裝步驟請參考隨書光碟。

(二) 流程圖

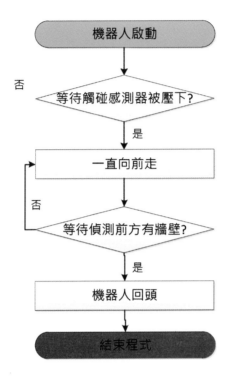

第十三章
EV3的進階應用

本章學習目標

1. 了解「PID比例控制」的使用時機與方法。
2. 了解「雙光感軌跡車」的使用時機與方法。

本章內容

第十三章　EV3的進階應用

13-1　PID比例控制

　　我們在第十一章已經介紹過利用「光源感測器」來設計機器人軌跡車,但是各位讀者是否注意到,軌跡車在行走時會「東倒西歪、歪七扭八」,似乎看起來不太美觀。如果想利用「軌跡車」來當作「大卡車」,載一些「乒乓球」時,甚至可能上面的球會「邊走邊掉」。因此,我們在本單元中,將改良原先的作法,利用「比例控制」軌跡車。

【傳統作法】

　　機器人的「光源感測器」偵測「黑線」時右轉,而偵測「白線」時左轉。

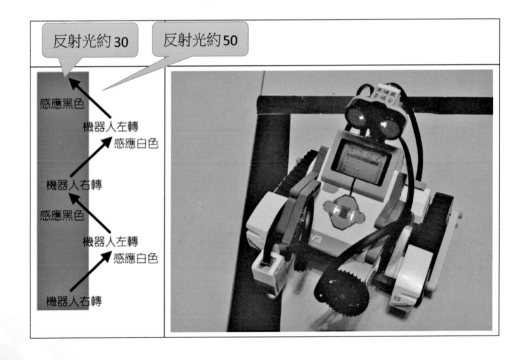

【LeJOS程式】

行號	程式檔名：ch13_1.java
01	import lejos.hardware.Button;
02	import lejos.hardware.ev3.LocalEV3;
03	import lejos.hardware.motor.Motor;
04	import lejos.hardware.port.Port;
05	import lejos.hardware.sensor.SensorModes;
06	import lejos.robotics.SampleProvider;
07	import lejos.hardware.sensor.EV3ColorSensor;
08	
09	public class ch13_1 {
10	public static void main(String[] args) {
11	//設定顏色感測器
12	Port port = LocalEV3.get().getPort("S3");
13	SensorModes sensor = new EV3ColorSensor(port);
14	SampleProvider light = sensor.getMode("Red");
15	float[] sample = new float[light.sampleSize()];
16	Motor.*B*.setSpeed(720); //設定C馬達速度為720(度/秒)
17	Motor.*C*.setSpeed(720); //設定C馬達速度為720(度/秒)
18	while(!Button.*ENTER*.isDown())
19	{
20	light.fetchSample(sample, 0);
21	if (sample[0]*100<40)
22	{
23	Motor.*B*.forward();
24	Motor.*C*.stop();
25	}
26	else
27	{
28	Motor.*B*.stop();
29	Motor.*C*.forward();
30	}
31	}//while end
32	}
33	}

【說明】

行號12〜15：利用LightSensor方法來設定「光源感應器」連接的3號輸入埠。

行號16〜17：利用setSpeed方法來設定馬達的速度，設定B與C馬達速度為360
（度／秒）。

行號18〜31：利用while()永久迴圈來持續讓「光源感測器」偵測地板的反射光數
值。

行號21：【黑白線的門檻值】

(1)請您利用本書的ch11_1.java程式，來實際偵測黑色地板的反射光數
值，假設是30%。

(2)請您利用本書的ch11_1.java程式，來實際偵測白色地板的反射光數
值，假設是50%。

光源感測器設定值 =（黑色最小值 + 白色最大值）÷ 2 = (30 + 50)/2 =
40。

機器人行進過程中，如果反射光數值大於40，可判定為白色地板；如
果反射光數值小於40，可判定為黑線。

行號12〜16：如果反射光數值小於40，可判定為「黑線」，則向右轉。

行號17〜21：如果反射光數值大於40，可判定為「白線」，則向左轉。

【延伸學習】

在上述的傳統作法中，普通會使用「二分法」及「簡易直線」來進行。其
實如果只利用「二分法」演算法來撰寫程式時，往往無法行駛難度較高的圖形
（如：中間有交叉點或非常不規則）。

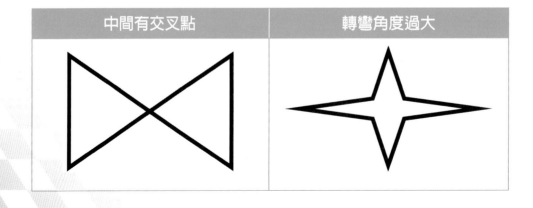

【產生的問題】機器人容易偏離軌道。

【解決方法】使用PID比例控制理論。

13-2 比例控制軌跡車

由於傳統方法只有兩種情況：不是黑就是白，使得設計的程式導致軌跡車在行走時「東倒西歪、歪七扭八」。因此，我們試著在「黑與白」之間加以「模糊化」，亦即利用類似「模糊理論」的原理來讓機器人在循軌時更聰明一點。

資料來源：雲淡風輕http://simfonias.blogspot.tw/2010/06/nxcnxt.html

黑白線　反射光	30	35	40	45	50
偵測的位置	■	■	■	■	■

【說明】

1.　在30到35之間：機器人往右轉動角度「大一點」。

2.　在35到40之間：機器人往右轉動角度「小一點」。

3.　剛好等於40：機器人直線前進。

4.　在40到45之間：機器人往左轉動角度「小一點」。

5.　在45到50之間：機器人往左轉動角度「大一點」。

【註】1.反射光的數值，請實際測量真實環境。

　　　2.機器人往左、右轉動角度的大小，是由馬達的輸出電力來控制。

接下來，我們可以依照上圖中，不同等級的反射光值，來對應不同的馬達輸出電力，亦即利用數學上的「線性方程式」來建立「比例控制模式」。

【線性圖形】

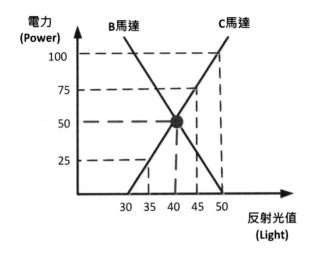

【說明】 在上圖中，C馬達的電力會隨著反射光值增加而增強，亦即「光源感
測器」偵測到「全黑色（反射光為30）」時，C馬達的電力為0；當偵
測到「反射光剛好等於40」時，C馬達的電力為50；當偵測到「全白
色（反射光50）」時，C馬達的電力為100。所以，它的斜率為正。反
之，B馬達的電力則隨著反射光值減少而增加。所以，它的斜率為負。

【公式】 我們可以從上圖中的「線性關係」來導出以下的「線性方程式」。

Power=5*(Light-40)+50

【LeJOS程式】

行號	程式檔名：ch13_2.java
01	import lejos.hardware.Button;
02	import lejos.hardware.ev3.LocalEV3;
03	import lejos.hardware.motor.Motor;
04	import lejos.hardware.port.Port;
05	import lejos.hardware.sensor.SensorModes;

```
06        import lejos.robotics.SampleProvider;
07        import lejos.hardware.sensor.EV3ColorSensor;
08
09        public class ch13_2 {
10              public static void main(String[] args) {
11                      int WhiteLight=52;      //「白色線」的反射光值
12                      int BlackLight=4;       //「黑色線」的反射光值
13                      int Scale=4;            //比例常數值
14                      int SetPower=50;        //預設電力
15                      final int MaxPower=100; //最大電力
16                      final int MinPower=-100; //最小電力
17                      //計算黑白線的門檻值
18                      int KeyValue = (WhiteLight+BlackLight)/2;
19                      //B、C馬達的輸出電力
20                      int PowerB, PowerC;
21                      //設定顏色感測器
22                      Port port = LocalEV3.get().getPort("S3");
23                      SensorModes sensor = new EV3ColorSensor(port);
24                      SampleProvider light = sensor.getMode("Red");
25                      float[] sample = new float[light.sampleSize()];
26
27                      while(!Button.ENTER.isDown())
28                      { //取得顏色感測器的反射光
29                              light.fetchSample(sample, 0);
30                              int Light=(int)(sample[0]*100);
31                              //限制輸入 Light 在比例控制的範圍
32                              if (Light < BlackLight)
33                                  Light=BlackLight;
34                              else if (Light > WhiteLight)
35                                  Light=WhiteLight;
36                              //C馬達的斜率是正的
37                                  PowerC = (Scale*(Light-KeyValue))+SetPower;
38                              //B馬達的斜率是負的
39                                  PowerB = (-Scale*(Light-KeyValue))+SetPower;
40                              //限制C馬達的輸出電力範圍
41                              if (PowerC < MinPower)
42                                      PowerC=MinPower;
```

43	else if (PowerC > MaxPower)
44	PowerC=MaxPower;
45	//限制B馬達的輸出電力範圍
46	if (PowerB < MinPower)
47	PowerB=MinPower;
48	else if (PowerB > MaxPower)
49	PowerB=MaxPower;
50	//假設馬達轉速(Speed)為馬達電力(Power)的7倍
51	Motor.B.setSpeed(PowerB*7);
52	Motor.C.setSpeed(PowerC*7);
53	Motor.B.forward();
54	Motor.C.forward();
55	}//while end
56	}
57	}

13-3　雙光感軌跡車

在前面介紹的「單光」感測循跡法中，都會存在一個嚴重的問題，那就是它們只能在「單一路線」行走，換句話說，當在複雜路線（如：有交叉路口）時，機器人就會無法判斷要往哪一個方向走（左轉、直走或右轉）及何時要停？

為了解決此問題，目前提出「雙光感測循跡法」，它就是同時利用「兩個光感」來判斷路徑中「有無分支」，亦即交叉路口。

【範例】機器人指定停放在某一「停車格」中。

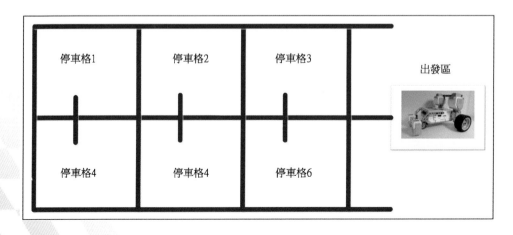

【作法】利用「四個分支」來判斷各個情況。

1. 當機器人的「左、右皆白」，亦即左及右光感皆未偵測到黑線，則「直走」。

2. 當機器人的「左白、右黑」，亦即右光感偵測到黑線（機器人偏左了），則必須要往右轉（小調整）。

3. 當機器人的「左黑、右白」，亦即左光感偵測到黑線（機器人偏右了），則必須要往左轉（小調整）。

4. 當機器人的「左、右皆黑」，亦即左及右光感皆偵測到黑線，所以，遇到十字路口或終點時才會雙黑，因此，可以依目的改變動作。

分支1		分支2		分支3		分支4	
直走		往右轉 （小調整）		往左轉 （小調整）		指定動作	
白	白	白	黑	黑	白	黑	黑
☀	☀	☀	◼	◼	☀	◼	◼

【解決方法】搭配「變數」來儲存同時遇到「十字路口」時，變數加1。

【舉例】機器人想停在第一個「停車格」時，則程式在循跡的同時，要再判斷是否變數為6，如果是的話，則機器人自體向「右轉90度」入庫。

【優勢】利用兩顆「顏色或光源感測器」來自動校正，確保車子行走的穩定性。

【範例】請設計一台「雙光感軌跡車機器人」，來讓機器人沿著「軌跡線」行走，以真正模擬軌跡車的情況。

【組裝】「雙光感」軌跡車機器人。

「單光感」軌跡車機器人	「雙光感」軌跡車機器人
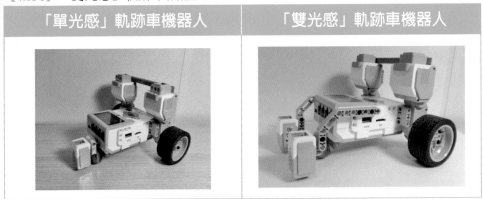	

【註】 「雙光感」軌跡車機器人的組裝步驟，請參閱本書的附錄。

(一) 流程圖

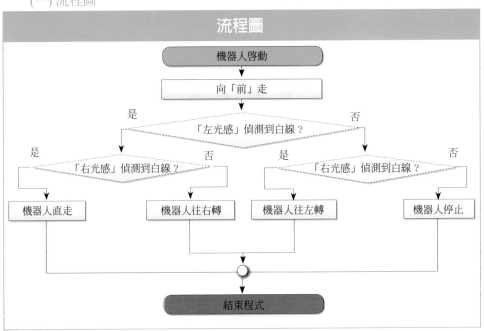

【LeJOS程式】

行號	程式檔名：ch13_3.java
01	import lejos.hardware.Button;
02	import lejos.hardware.ev3.LocalEV3;
03	import lejos.hardware.motor.Motor;
04	import lejos.hardware.port.Port;
05	import lejos.hardware.sensor.SensorModes;
06	import lejos.robotics.SampleProvider;
07	import lejos.hardware.sensor.EV3ColorSensor;
08	
09	public class ch13_3 {
10	public static void main(String[] args) {
11	//設定顏色感測器(S1)
12	Port port = LocalEV3.get().getPort("S1");
13	SensorModes sensor = new EV3ColorSensor(port);
14	SampleProvider light = sensor.getMode("Red");
15	float[] sample = new float[light.sampleSize()];
16	//設定顏色感測器(S2)
17	Port port2 = LocalEV3.get().getPort("S2");
18	SensorModes sensor2 = new EV3ColorSensor(port2);
19	SampleProvider light2 = sensor2.getMode("Red");
20	float[] sample2 = new float[light2.sampleSize()];
21	//設定B馬達速度
22	Motor.*B*.setSpeed(720); //設定B馬達速度為720(度/秒)
23	Motor.*C*.setSpeed(720); //設定C馬達速度為720(度/秒)
24	while(!Button.*ENTER*.isDown())
25	{
26	light.fetchSample(sample, 0);
27	if (sample[0]*100>30)
28	{ //左及右光感應器皆未感應到黑線
29	light2.fetchSample(sample2, 0);
30	if (sample2[0]*100>30)
31	{//直走
32	Motor.*B*.forward();
33	Motor.*C*.forward();
34	}

35	else
36	{//往右轉(小調整)
37	Motor.*B*.forward();
38	Motor.*C*.stop();
39	
40	}
41	}
42	else
43	{
44	light2.fetchSample(sample2, 0);
45	if (sample2[0]*100>30)
46	{//往左轉(小調整)
47	Motor.*B*.stop();
48	Motor.*C*.forward();
49	}
50	else
51	{//左及右光感應器皆感應到黑線,則停止
52	Motor.*B*.stop();
53	Motor.*C*.stop();
54	}
55	}
56	}//while end
57	}
58	}

13-4　多執行緒

　　在LeJOS程式中,它的執行是由上至下循序執行,但是,如果需要同時執行多行程式串列時,雖然「分岔結構」可以分出兩條分支,但是,它一次只能執行一條。因此,就必須要使用「多執行緒」方式來完成。

〔定義〕指在同一時間,可以同時處理兩個程序(含以上)的程式。

〔常見的情況〕

　　1. 當你有「多個按鈕」讓使用者操作時,如果事先不知道哪個會先被按時。例如:使用EV3面板上的按鈕控制機器人前進、左轉、右轉。

2. 當「馬達」與「聲音」要同時呈現的「警車」，亦即警車行進中同時播放「警鈴聲」。

3. 當「馬達」與「聲音」要同時呈現的「垃圾車」，亦即垃圾車行進中同時播放「音樂聲」。

【作法】

程序一：新增一個執行緒，並實現run方法。

```
Thread tp = new Thread(new Runnable() {
// 重新定義run方法
@Override
public void run()
 {
//加入程式區塊
}
});
```

程序二：啓動多執行緒。

```
Tp.start();
```

【實作】請利用多執行緒方式，來同時執行多個程序，讓機器人一邊行走，一邊「播放聲音」，並且當「超音波感測器」偵測前方25公分有障礙物時，就會停止，以此方式反覆進行之。

【LeJOS程式】

行號	程式檔名：ch13_4.java
01	import lejos.hardware.Button;
02	import lejos.hardware.Sound;
03	import lejos.hardware.ev3.LocalEV3;
04	import lejos.hardware.motor.Motor;
05	import lejos.hardware.port.Port;
06	import lejos.hardware.sensor.EV3UltrasonicSensor;
07	import lejos.hardware.sensor.SensorModes;
08	import lejos.robotics.SampleProvider;

```
09    import lejos.utility.Delay;
10
11    public class ch13_4 {
12          // 執行狀態
13          static boolean isRunning = false;
14          public static void main(String[] args) {
15          Port port = LocalEV3.get().getPort("S4");
16          SensorModes sensor = new EV3UltrasonicSensor(port);
17          SampleProvider distance= sensor.getMode("Distance");
18          float[] sample = new float[distance.sampleSize()];
19          Motor.B.setSpeed(360); //設定C馬達速度為360(度/秒)
20          Motor.C.setSpeed(360); //設定C馬達速度為360(度/秒)
21          // 新增一個執行緒，並實現run方法
22          Thread tp = new Thread(new Runnable() {
23          // 重新定義run方法
24          @Override
25          public void run() {
26          // 發出提示音
27                MakeSound();
28           }
29          });
30          // 啟動t1執行緒
31          tp.start();
32          while(!Button.ENTER.isDown())
33          {
34                distance.fetchSample(sample, 0);
35                if (Math.floor(sample[0]*100)<25)
36                 {
37                      Motor.B.stop();
38                      Motor.C.stop();
39                      isRunning = false;
40                 }
41                else
42                 {
43                      Motor.B.forward();
44                      Motor.C.forward();
45                      isRunning = true;
```

```
46                          }
47                }//while end
48                Button.waitForAnyPress();
49                System.exit(0);
50            }
51            // 發出嗶嗶聲
52  private static void MakeSound() {
53                // 持續檢查馬達狀態
54                while (true) {
55                        // 當馬達正在行走狀態
56                        if (isRunning) {
57                                // 發出嗶嗶聲
58                                Sound.beep();
59                Delay.msDelay(1000);
60                        }
61            }
62            }
63  }
```

附錄一 LeJOS程式開發NXT主機的環境

　　LeJOS語言的編譯過程與傳統的C語言類似，都是先將使用者所撰寫的「原始程式」透過「編譯程式」轉換成相對應的「目的程式」，亦稱為機械碼；然後，再利用「連結程式」來連結「函式庫」及設計者事先撰寫完成的「副程式」，以產生「可執行模組」，最後載入到NXT主機的記憶體中，以便執行。如下圖所示：

原始程式(.java)　　1.撰寫程式

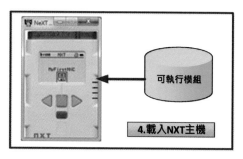

可執行模組　　4.載入NXT主機

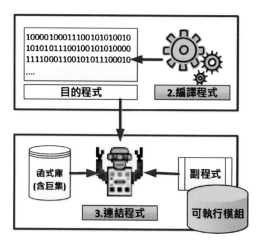

目的程式　　2.編譯程式

函式庫(含巨集)　　副程式　　3.連結程式　　可執行模組

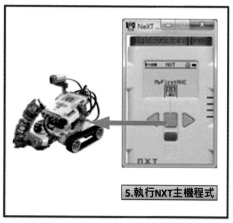

5.執行NXT主機程式

【說明】在本書中，筆者選擇「Eclipse」編譯器作為LeJOS語言開發的平台，其主要原因就是它是一套完全免費的軟體，並且軟體本身安裝後所占的記憶體非常的小，所以非常廣泛的被使用。

一、下載及安裝LeJOS NXJ軟體

當我們順利安裝完成及設定Java JDK套件之後，接下來，我們就可以開始下載及安裝LeJOS程式了。

(一) 下載LeJOS程式

下載網址為http://www.lejos.org/

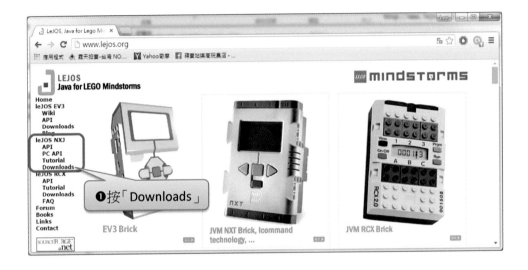

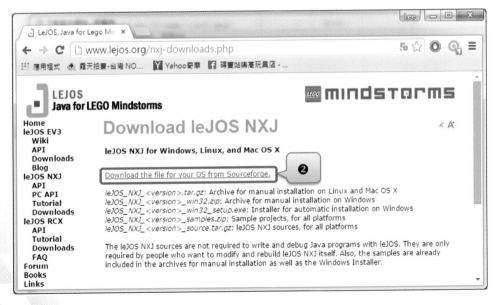

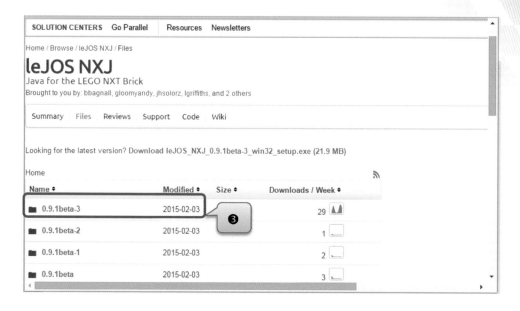

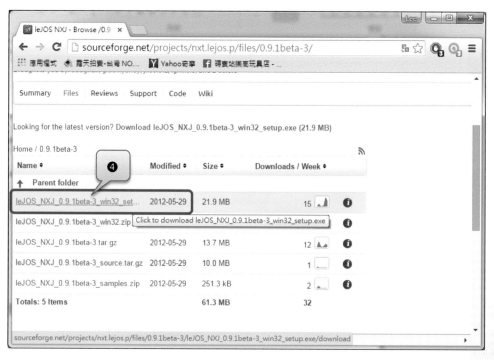

(二) 安裝LeJOS NXJ軟體

當我們順利下載LeJOS程式之後，接下來，就可以開始進行安裝程序，其步驟如下：

1. 開始安裝的歡迎對話方塊

2. 選擇Java JDK套件的安裝路徑

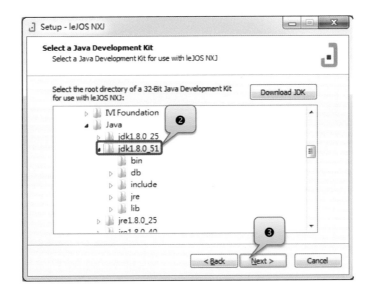

【注意】當你的電腦已經安裝多個版本時，此時必須要選擇正確的版本。

3. 選擇LeJOS的安裝路徑

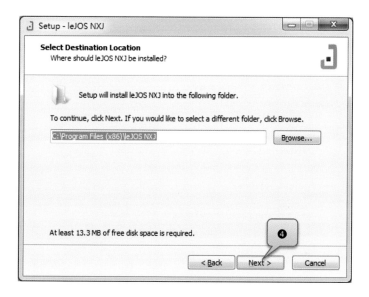

【說明】請使用預設路徑即可。

4. 勾選「Additional Sources」

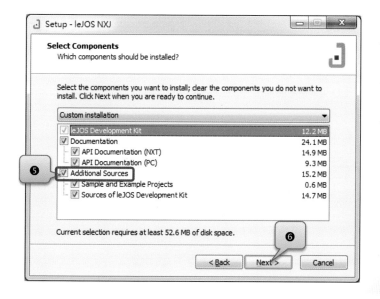

【說明】加入範列程式及開發文件。

5. 選擇「範例程式及開發文件」的安裝位置

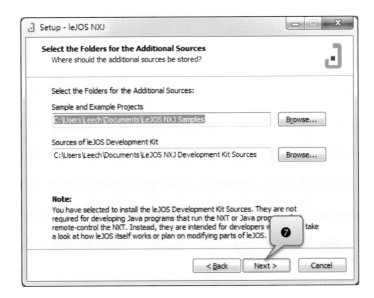

【說明】使用預設路徑即可,所以直接按「Next」鈕。

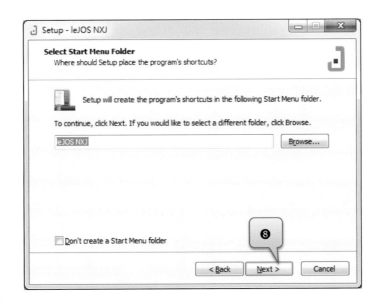

【說明】使用預設資料夾即可,所以直接按「Next」鈕。

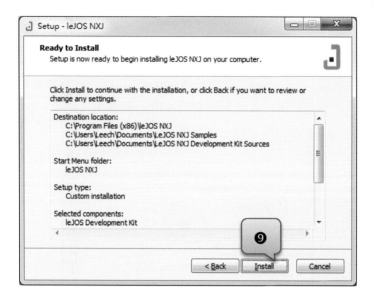

【說明】再按「Install」鈕，即可開始進行LeJOS NXJ軟體的安裝程序。

【說明】此畫面代表已經安裝成功，此時，請再按「Finish」鈕即可。

二、更新韌體

在上一步驟中，當安裝完成LeJOS程式之後，再按下「Finish」鈕，即可開始進行「更新韌體」，此種方法是屬於第一次安裝LeJOS時的更新韌體動作。但是，如果你未來想進行第二次更新韌體時，則必須要從「開始 / 所有程式 / LeJOS NXJ/NXJ Flash」程序來進行。如下圖所示：

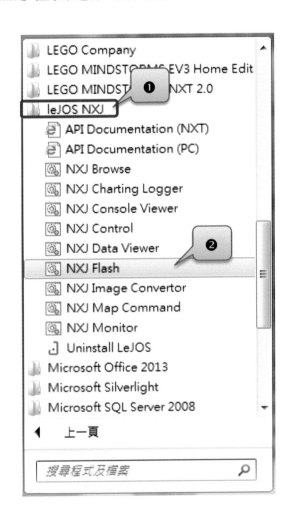

(一) 安裝LeJOS NXJ韌體到NXT主機的對話方塊

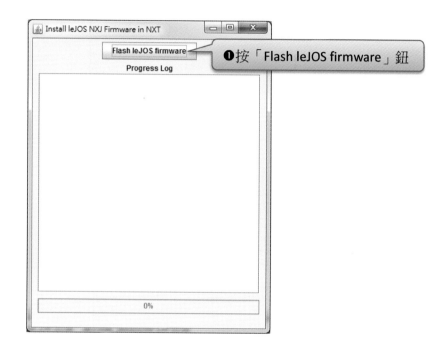

當你已經將USB連接NXT主機並開啟時，就可以再按「確定」鈕。如下圖所示：

此時，它會提醒你，此動作將會清除你NXT主機上的全部程式檔案，請按下「是（Y）」鈕即可。如下圖所示：

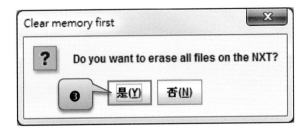

(二) 開始進行更新韌體

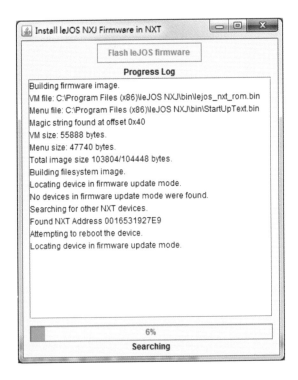

(三) 更新韌體完成

三、LeJOS系統環境

當成功的更新NXT主機的韌體之後，請重新開啓NXT主機，螢幕上會先顯示一下LeJOS版本及圖示，就自動進入LeJOS系統的主畫面。此時，螢幕上最上方會顯示「電池電量」及「NXT主機的名稱」，而在中間區域會顯示六個選項，如下圖所示：

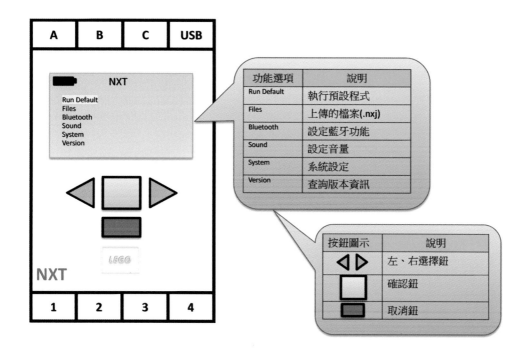

(一) Run Default（執行預設程式）

此選項的預設內容爲「No default set」，你可以先從Files（檔案選單）中挑選某一個*.NXj檔來當作Run Default。

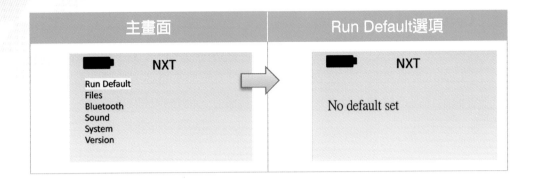

【目的】1. 可以快速啓動最常被執行的程式，例如：機器人比賽時的程式。

2. 減少在機器人展示或比賽時的誤按。

(二) Files（檔案選單）

是指從PC端上傳到NXT主機的檔案(.NXj)。

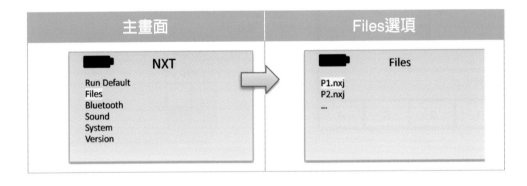

　　假設在上圖的Files選項中的「P1.NXj」檔案，想設定爲「執行預設程式」時，則按一下「確認」鈕，再利用左、右選擇鈕移到「Set as Default」選項，再按「確認」鈕即可完成設定。如下圖所示：

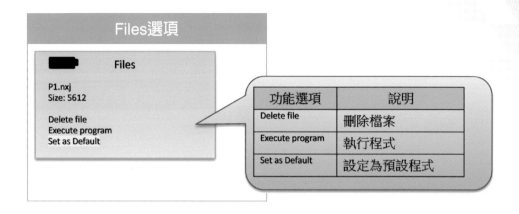

(三) Bluetooth（設定藍牙功能）

是指用來開啟藍牙功能，預設為關閉狀態。

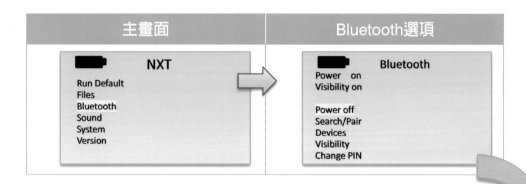

　　請在上圖的Bluetooth選項中，利用左、右選擇鈕移到「Power off」選項，再按「確認」鈕即可完成設定，如下圖所示：

Bluetooth選項

功能選項	說明
Power off	關閉藍牙功能
Search/Pair	尋找／配對
Devices	查詢已配對的裝置
Visibility	設定藍牙可見性
Change PIN	更改配對代碼

(四) Sound（設定音量）

是指用來設定播放音量及按鍵音。

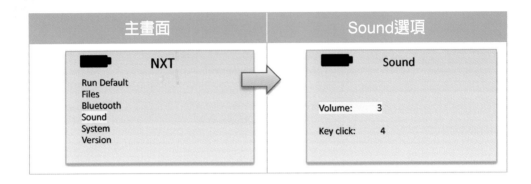

請在上圖的Sound選項中，利用左、右選擇鈕來調整「播放音量（Volume）及按鍵音（Key click）」，每按一次「確認」鈕，其對應的音量值+1。並且其最大音量為10，而最小音量為mute代表靜音）。

(五) System（系統設定）

是用來查詢及設定的相關值。

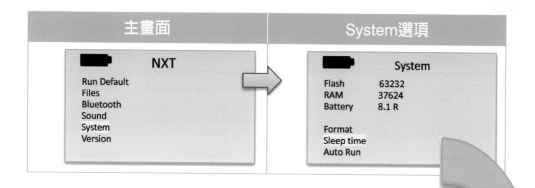

假設在上圖的System選項中，上方會顯示目前NXT主機內的三種狀態：

1. Flash：目前主機中，可儲存程式的輔助記憶體空間大小。

2. RAM：目前主機中，主記憶體空間大小，它是用來儲存正在執行中的程式。

3. Battery：目前主機中，電池的電量。

而在下方顯示系統的三項系統操作功能，此時，你可以利用左、右選擇鈕來設定相關功能，再按「確認」鈕來設定。如下圖所示：

功能選項	說明
Format	檔案格式化
Sleep time	調整休眠時間
Auto Run	自動執行

【說明】例如調整休眠時間（Sleep time），利用左、右選擇鈕來調整，並且每按一次「確認」鈕，其值+1，最長時間為10分鐘。

(六) Version（查詢版本資訊）

是用來查詢版本資訊。

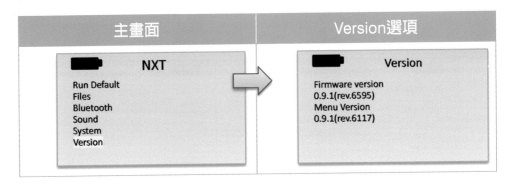

主畫面	Version選項
NXT Run Default Files Bluetooth Sound System Version	**Version** Firmware version 0.9.1(rev.6595) Menu Version 0.9.1(rev.6117)

四、LeJOS系統PC電腦端

當更新NXT主機的韌體之後，除了NXT主機的系統更新爲LeJOS系統之外，你的電腦端也提供了圖形化管理工具。其路徑爲：開始 / 所有程式 / LeJOS NXj。

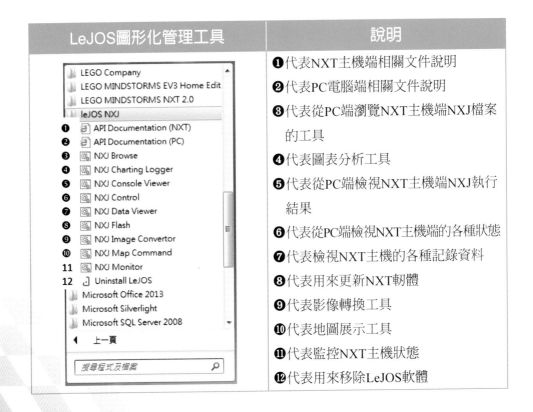

LeJOS圖形化管理工具	說明
LEGO Company LEGO MINDSTORMS EV3 Home Edit LEGO MINDSTORMS NXT 2.0 leJOS NXJ ❶ API Documentation (NXT) ❷ API Documentation (PC) ❸ NXJ Browse ❹ NXJ Charting Logger ❺ NXJ Console Viewer ❻ NXJ Control ❼ NXJ Data Viewer ❽ NXJ Flash ❾ NXJ Image Convertor ❿ NXJ Map Command 11 NXJ Monitor 12 Uninstall LeJOS Microsoft Office 2013 Microsoft Silverlight Microsoft SQL Server 2008 ◀ 上一頁 搜尋程式及檔案	❶代表NXT主機端相關文件說明 ❷代表PC電腦端相關文件說明 ❸代表從PC端瀏覽NXT主機端NXJ檔案的工具 ❹代表圖表分析工具 ❺代表從PC端檢視NXT主機端NXJ執行結果 ❻代表從PC端檢視NXT主機端的各種狀態 ❼代表檢視NXT主機的各種記錄資料 ❽代表用來更新NXT韌體 ❾代表影像轉換工具 ❿代表地圖展示工具 ⓫代表監控NXT主機狀態 ⓬代表用來移除LeJOS軟體

請在Eclipse上方功能表的Help選單中，點選「Install New Software⋯」選項，如下圖所示：

接下來，請再點選右側的「Add...」鈕，來新增外掛軟體套件。

此時，它會自動出現「Add Repository」對話方塊，在Name欄位中，請輸入LeJOS（建議輸入此名稱），而在Location欄位中，請輸入：http://lejos.source-forge.net/tools/eclipse/plugin/NXj/。

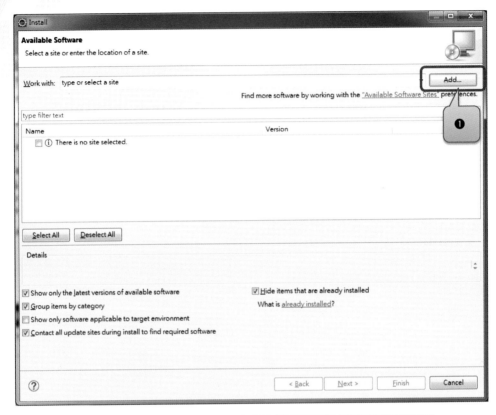

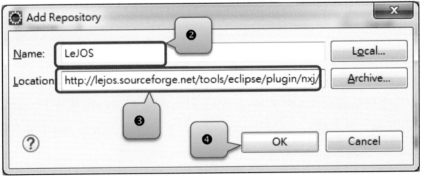

此時，在下方就會即時出現LeJOS NXj的外掛程式，請您勾選如下：

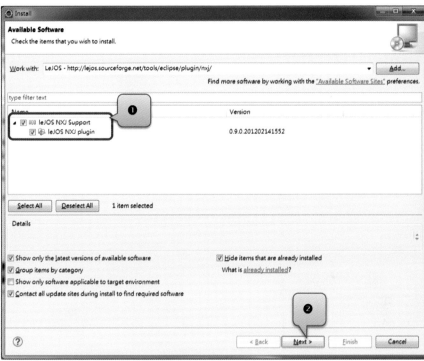

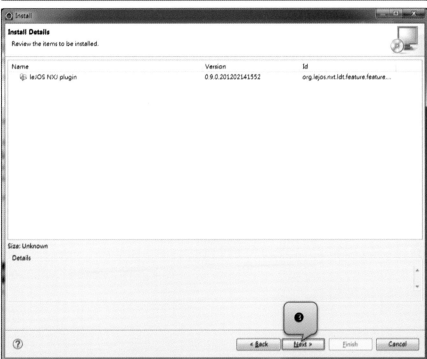

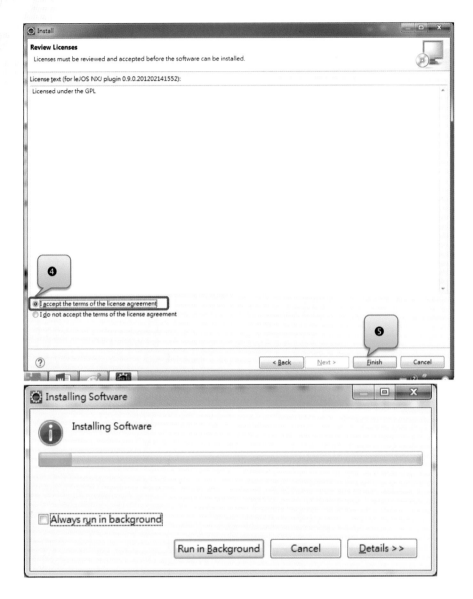

當外掛程式安裝完成之後，會出現重新啟動Eclipse。如下圖所示：

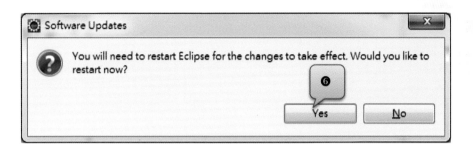

重新啓動Eclipse之後，此時，Eclipse開發環境的「功能表列」就會嵌入一個「LeJOS NXJ」選擇。亦即代表外掛成功。

【說明】它是透過網路來安裝LeJOS套件。安裝完成之後會在工具列上看到一個橘色J符號。

附錄三　撰寫NXT主機的LeJOS程式

1. 新增專案。
2. 新增類別。

基本上，要撰寫一支LeJOS程式必須要四個步驟如下：

步驟一：「撰寫」程式碼(MyFirstLeJOS.java)

步驟二：「編譯」LeJOS原始程式碼

步驟三：「下載」程式到NXT主機中　　　　按「Run」鈕

步驟四：「執行」NXT主機中的程式

　　LeJOS語言是透過Eclipse整合開發環境中的「編譯器」，用來將使用者所撰寫的「原始程式（.java）」轉換成（.NXj檔），並下載到NXT主機中執行。

【示意圖】

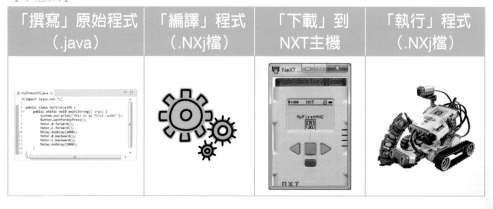

「撰寫」原始程式（.java）	「編譯」程式（.NXj檔）	「下載」到NXT主機	「執行」程式（.NXj檔）

【範例】請設計一台輪型機器人可以「前進」2秒，再「後退」2秒後停止。

一、前置工作

當我們在撰寫LeJOS程式時，首先，必須要先「新增專案」名稱，其目的是用來管理LeJOS各項資源，但是，要讓LeJOS可以真正執行時，則必須要在專案中，再「新增類別」名稱，並在類別中來撰寫程式碼。

(一) 新增專案

步驟一：File/New/LeJOS NXT Project。

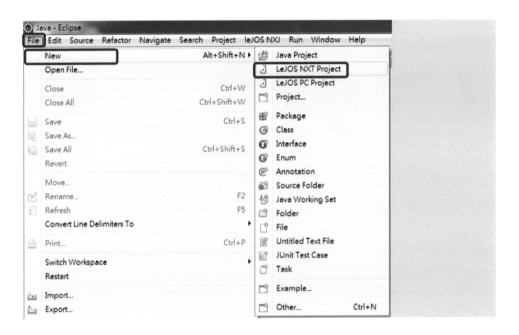

【註】LeJOS提供兩種型態的專案：

　　1. LeJOS NXT Project：本書的基本教材。

　　　　功能：先上傳到NXT主機，才能執行控制NXT機器人。

　　2. LeJOS NXT PC：本書的進階運用。

　　　　功能：利用PC電腦來遠端控制NXT機器人。

步驟二：輸入專案名稱（MyFirstLeJOS.java）。

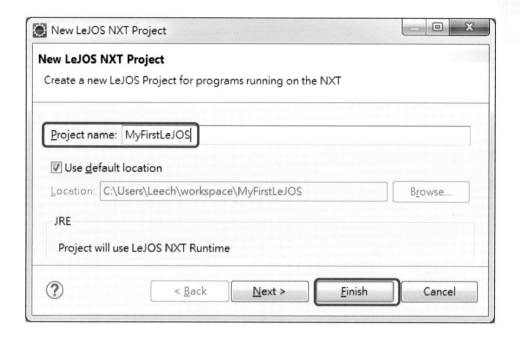

【說明】

1. Project_name：專案名稱，請輸入具有意義的名稱，如MyNXTMove，表示這是一個用來操作NXT機器人行走的專案。

2. default_location：專案的存放路徑及目錄，其預設目錄為workspace，當然也可以選擇其他自定的路徑。

(二) 新增類別

步驟一：在 MyFirstLeJOS 專案名稱上按「右鍵」／ New ／ Class。

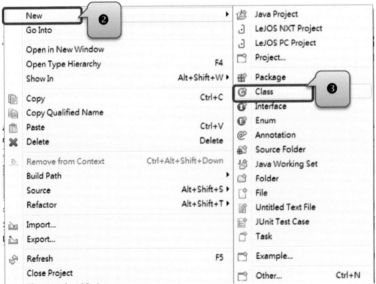

步驟二：輸入類別名稱（MyFirstLeJOS）。

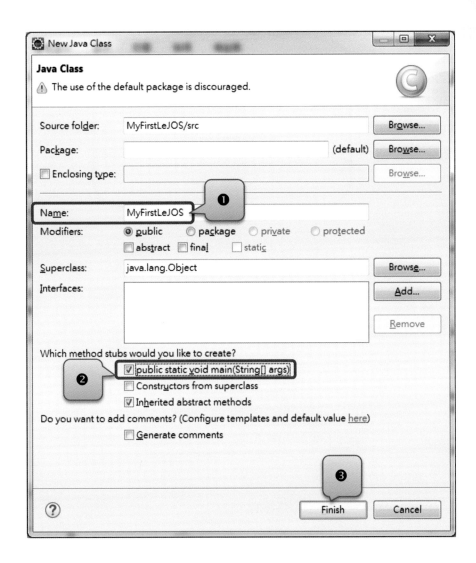

【說明】

1. Name：指的就是程式的名稱。

2. public static void main（String[] args）：除了自動建立*.java 這個程式檔案外，也會在程式中自動加入main這個程式執行起點的function。

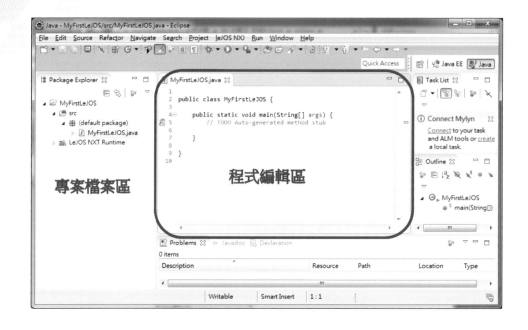

專案檔案區　　程式編輯區

二、撰寫LeJOS程式

步驟一：「撰寫」程式碼（MyFirstLeJOS.java）
步驟二：「編譯」LeJOS原始程式碼
步驟三：「下載」程式到NXT主機中　} 由「編譯器」自動完成
步驟四：「執行」NXT主機中的程式

步驟一：撰寫NXC程式碼。

請在「程式編輯區」撰寫以下的程式碼：

【LeJOS程式】

行號	程式檔名：**MyFirstLeJOS**.java
01	import lejos.nxt.*;　　//載入lejos.nxt套件
02	import lejos.util.Delay;　//載入Delay類別
03	
04	public class **MyFirstLeJOS** {//「類別名稱」必須和「檔案名稱」相同
05	public static void main(String[] args) {
06	//輸入訊息到螢幕上

名稱相同

07	System.*out*.print("This is my first LeJOS!");
08	//等待使用者按NXT主機上的按鈕，才能執行以下一動作
09	Button.*waitForAnyPress*();
10	//設定速度
11	Motor.*B*.setSpeed(720);
12	Motor.*C*.setSpeed(720);
13	//車子前進2秒
14	Motor.*B*.forward();
15	Motor.*C*.forward();
16	Delay.*msDelay*(2000);
17	//車子後退2秒
18	Motor.*B*.backward();
19	Motor.*C*.backward();
20	Delay.*msDelay*(2000);
21	}
22	}

【說明】

行號01：利用import關鍵字來引用Java的類別庫。其中星號「*」代表要引用nxt下的全部類別。

行號02：引用util類別庫下的Delay類別。

行號04：宣告MyFirstLeJOS類別，其中public代表修飾符號，class代表類別關鍵字，MyFirstLeJOS代表類別名稱。

行號05：利用main()方法來撰寫特定功能的程式，它也是整個程式中，最先被執行的方法，並且它也可以再自訂其他方法，亦即呼叫其他方法(俗稱的副程式)。

行號07：利用System.out.print()方法來顯示資料到螢幕上。

行號09：利用Button.waitForAnyPress()方法來等待使用者在NXT主機上按下任何按鍵，以便執行下一個動作。

行號11：利用Motor.B.setSpeed(720)方法來設定B馬達速度為720（度／秒）。

行號12：利用Motor.C.setSpeed(720)方法來設定C馬達速度為720（度／秒）。

行號14：利用Motor.B.forward()方法來控制B馬達「前進」。

行號15：利用Motor.C.forward()方法來控制C馬達「前進」。

行號16：利用Delay.msDelay(2000)方法來B與C馬達持續前進的時間，其中2000代表2秒鐘。

行號18～20：利用backward()方法來控制馬達「後退」。其餘同上。

【註】以上的各種方法的詳細介紹，請參閱本書的相關章節內容。

步驟二：按「執行」鈕。

　　編譯器會自動完成以下三個程序：

　　1.「編譯」LeJOS原始程式碼

　　2.「下載」程式到NXT主機中 ⎬ 由「編譯器」自動完成

　　3.「執行」NXT主機中的程式

【方法1】在「專案名稱」上按右鍵 / Run As / LeJOS NXT Program。

Run As	▶		🔲	1 Run on Server	Alt+Shift+X, R
Debug As	▶		🔲	2 Java Applet	Alt+Shift+X, A
Profile As	▶		🔲	3 Java Application	Alt+Shift+X, J
Validate			🔲	4 LeJOS NXT Program	
Team	▶			Run Configurations...	
Restore from Local History...					

【方法2】在Eclipse的工具列中按「 ▶▾ 」執行鈕。

【注意】

　　當成功下載到NXT主機後，你也可以馬上來執行此程式。

　　但是，在此筆者提供小小的建議：

　　(1)如果此程式是驅動機器人「行走」時，則可能會拉動USB線，造成拉動電腦而損壞。因此，請先拔掉USB線，再到NXT主機上執行。

　　(2)如果此程式是驅動機器人「機器手臂」（例如：發射器、夾子等）時，可以直接按「執行」鈕。

附錄四　NXT馬達及各種感測器的使用

一、伺服馬達

```
Import lejos.nxt.Motor;
```

【Motor常用方法】

1. forward ()：是指用來控制馬達「正轉」。
2. backward ()：是指用來控制馬達「反轉」。

【馬達的旋轉方向】

正向擺向(大圓圈朝上)

【說明】

　　當伺服馬達正向擺向（亦即大圓圈朝上）時，如果馬達順時針旋轉，代表正轉（前進）；反之，則為反轉（後退）。

3. stop ()：用來控制馬達立即停止轉動。
4. flt ()：用來控制馬達慣性（滑行）停止轉動。
5. setSpeed ()：用來設定馬達轉動的速度。

6. Delay.msDelay（毫秒）：用來控制馬達持續轉動的毫秒時間。

7. rotate（角度，立即回傳值）：用來控制馬達轉某個角度。

(一) 依照「時間」來控制

【作法】

Delay.*msDelay*(時間); //設定「毫秒」時間

【範例】讓機器人以每秒720度的轉速前進2秒鐘。

行號	LeJOS程式
01	import lejos.nxt.*;　　//載入lejos.nxt套件
02	import lejos.util.Delay; //載入Delay類別
03	class Motor_msDelay
04	{
05	public static void main(String args[])
06	{
07	//設定速度
08	Motor.*B*.setSpeed(720); //設定B馬達速度為720(度/秒)
09	Motor.*C*.setSpeed(720); //設定C馬達速度為720(度/秒)
10	//車子前進2秒
11	Motor.*B*.forward (); //B馬達正轉
12	Motor.*C*.forward (); //C馬達正轉
13	Delay.msDelay(2000); //等待2秒
14	}//main
15	}

(二) 依照「旋轉角度」來控制

【作法】

Motor.輸出埠.rotate（指定旋轉角度，是否立即傳回）

1. 輸出埠（port）：A、B或C。

2. 指定旋轉角度（angle）：

　(1) 當「正值」代表「順時鐘轉動」，亦即代表「向前進」。

　(2) 當「負值」代表「逆時鐘轉動」，亦即代表「向後退」。

　(3) 設定馬達旋轉角度（angle），1圈=360度。

3. 是否立即傳回（immediateReturn）：預設值為false。

(1) 當「false」代表「需要」等待上一個指令執行完畢之後，才能執行下一個指令。如下程式，則B馬達轉動兩圈之後，C馬達才能被轉動。

```
Motor.B.rotate(720,false);
Motor.C.rotate(720,false);
```

(2) 當「true」代表「不需要」等待上一個指令執行完畢之後，才能執行下一個指令。

```
Motor.B.rotate(720,true);
Motor.C.rotate(720,false);
```

【範例】讓機器人以每秒720度的轉速前進2圈（亦即720度）。

行號	LeJOS程式
01	import lejos.nxt.*;　　//載入lejos.nxt套件
02	import lejos.util.Delay; //載入Delay類別
03	class Motor_rotate
04	{
05	public static void main(String args[])
06	{
07	//設定速度
08	Motor.B.setSpeed(720); //設定B馬達速度為720(度/秒)
09	Motor.C.setSpeed(720); //設定C馬達速度為720(度/秒)
10	//車子前進2圈(也就是720度)
11	Motor.B.rotate(720,true);
12	Motor.C.rotate(720,false);
13	}//main
14	}

二、觸碰感測器

【在LEJOS程式開發環境偵測被「壓下」的回傳值】

行號	LeJOS程式
01	import lejos.nxt.*;
02	public class TouchSensor_Test {
03	public static void main(String[] args) {
04	TouchSensor Touch=new TouchSensor(SensorPort.*S1*);
05	while(!Button.*ENTER*.isDown ())
06	LCD.drawString("Pressed:" + Touch.isPressed ()+ " ", 0, 0);
07	}
08	}

【說明】

行號04：利用TouchSensor方法來設定「觸碰感應器」連接的1號輸入埠。

行號05：利用while(true)永久迴圈來持續讓「觸碰感測器」偵測是否被按下。

行號06：利用LCD.*drawString*方法來顯示結果（true或false）在螢幕上的座標位置。

【測試方式】請壓下「觸碰感測器」後再放開。

壓下	放開

【測試結果】

壓下	放開
Pressed:true	Pressed:false

三、光源感測器

【在LEJOS程式開發環境偵測「反射光」的回傳值】

行號	LeJOS程式
01	import lejos.nxt.*;
02	public class LightSensor_Test {
03	public static void main(String[] args) {
04	LightSensor Light=new LightSensor(SensorPort.*S3*);
05	while(!Button.*ENTER*.isDown ())
06	LCD.drawString("LightValue:" + Light.readValue ()+ " ", 0, 0);
07	}
08	}

【說明】

行號04：利用LightSensor方法來設定「光源感應器」連接的3號輸入埠。

行號05：利用while(true)永久迴圈來持續讓「光源感測器」偵測環境的反射光。

行號06：利用LCD.*drawString*方法來顯示反射光在螢幕上的座標位置。

【測試方式】請準備兩張紙（黑色與白色），分別放在「光源感測器」下方。

【測試結果】

黑色紙	白色紙
LightValue:30	LightValue:50

四、超音波感測器

【在LEJOS程式開發環境偵測「距離」的回傳值】

行號	LeJOS程式
01	import lejos.nxt.*;
02	public class UltrasonicSensor_Test {
03	public static void main(String[] args) {
04	UltrasonicSensor Ultrasonic=new UltrasonicSensor(SensorPort.*S4*);
05	while(!Button.*ENTER*.isDown ())
06	LCD.drawString("getDistance:" + Ultrasonic.getDistance ()+ " ", 0, 0);
07	}
08	}

【說明】

行號01：利用import關鍵字來引用Java的類別庫。其中星號「*」代表要引用nxt
下的全部類別。

行號04：利用UltrasonicSensor方法來設定「超音波感應器」連接的4號輸入埠。

行號05：利用while(true)永久迴圈來持續讓「超音波感測器」偵測前方的距離。

行號06：利用LCD.drawString 方法來顯示前方距離在螢幕上。

【測試方式】請你將手分別放在「超音波感測器」前面近一點與及遠一點

【測試結果】

遠距離	近距離
60	25

國家圖書館出版品預行編目資料

學Java語言從玩EV3與NXT樂高機器人開始／
李春雄著. ― 初版. ― 臺北市：五南，
2015.11
　　　面；　　公分.
ISBN 978-957-11-8383-1(平裝)

1.機器人 2.Java（電腦程式語言）
3.電腦程式設計
448.992029　　　　　　　104021708

5DJ8

學Java語言從玩EV3與NXT 樂高機器人開始

作　　者 ― 李春雄(82.4)

發 行 人 ― 楊榮川

總 編 輯 ― 王翠華

主　　編 ― 王者香

封面設計 ― 王正洪

出 版 者 ― 五南圖書出版股份有限公司

地　　址：106台北市大安區和平東路二段339號4樓

電　　話：(02)2705-5066　　傳　　真：(02)2706-6100

網　　址：http://www.wunan.com.tw

電子郵件：wunan@wunan.com.tw

劃撥帳號：01068953

戶　　名：五南圖書出版股份有限公司

法律顧問　林勝安律師事務所　林勝安律師

出版日期　2015年11月初版一刷

定　　價　新臺幣750元